한솔 완벽한 연산

수학은 마라톤입니다.
지금 여러분은 출발 지점에 서 있습니다.
초등학교 저학년 때는
수학 마라톤을 잘 하기 위해
기초 체력을 튼튼히 길러야 합니다.

한솔 완벽한 연산으로 시작하세요.
마라톤을 잘 뛸 수 있는 완벽한 연산 실력을 키워줍니다.

?。 왜 완벽한 연산인가요?

기초 연산은 물론, 학교 연산까지 이 책 시리즈 하나면 완벽하게 끝나기 때문입니다. '한솔 완벽한 연산'은 하루 8쪽씩, 5일 동안 4주분을 학습하고, 마지막 주에는 학교 시험에 완벽하게 대비할 수 있도록 '연산 UP' 16쪽을 추가로 제공합니다.

매일 꾸준한 연습으로 연산 실력을 키우기에 충분한 학습량입니다.

'한솔 완벽한 연산' 하나면 기초 연산도 학교 연산도 완벽하게 대비할 수 있습니다.

?。 몇 단계로 구성되고, 몇 학년이 풀 수 있나요?

모두 6단계로 구성되어 있습니다.

'한솔 완벽한 연산'은 한 단계가 1개 학년이 아닙니다. 연산의 기초 훈련이 가장 필요한 시기인 초등 2~3학년에 집중하여 여러 단계로 구성하였습니다.

이 시기에는 수학의 기초 체력을 튼튼히 길러야 하니까요.

단계	권장 학년	학습 내용
MA	6~7세	100까지의 수, 더하기와 빼기
MB	초등 1~2학년	한 자리 수의 덧셈, 두 자리 수의 덧셈
MC	초등 1~2학년	두 자리 수의 덧셈과 뺄셈
MD	초등 2~3학년	두·세 자리 수의 덧셈과 뺄셈
ME	초등 2~3학년	곱셈구구, (두·세 자리 수)×(한 자리 수), (두·세 자리 수)÷(한 자리 수)
MF	초등 3~4학년	(두·세 자리 수)×(두 자리 수), (두·세 자리 수)÷(두 자리 수), 분수·소수의 덧셈과 뺄셈

(?). 책 한 권은 어떻게 구성되어 있나요?

✎ 책 한 권은 모두 4주 학습으로 구성되어 있습니다.
한 주는 모두 40쪽으로 하루에 8쪽씩, 5일 동안 푸는 것을 권장합니다.
마지막 5주차에는 학교 시험에 대비할 수 있는 '연산 UP'을 학습합니다.

(?). '한솔 완벽한 연산'도 매일매일 풀어야 하나요?

✎ 물론입니다. 매일매일 규칙적으로 연습을 해야 연산 능력이 향상되기 때문입니다.
월요일부터 금요일까지 매일 8쪽씩, 4주 동안 규칙적으로 풀고, 마지막 주에
'연산 UP' 16쪽을 다 풀면 한 권 학습이 끝납니다.
매일매일 푸는 습관이 잡히면 개인 진도에 따라 두 달에 3권을 푸는 것도 가능
합니다.

(?). 하루 8쪽씩이라구요? 너무 많은 양 아닌가요?

✎ '한솔 완벽한 연산'은 술술 풀면서 잘 넘어가는 학습지입니다.
공부하는 학생 입장에서는 빡빡한 문제를 4쪽 푸는 것보다 술술 넘어가는 문제를
8쪽 푸는 것이 훨씬 큰 성취감을 느낄 수 있습니다.
'한솔 완벽한 연산'은 학생의 연령을 고려해 쪽당 학습량을 전략적으로 구성했습니
다. 그래서 학생이 부담을 덜 느끼면서 효과적으로 학습할 수 있습니다.

학교 진도와 맞추려면 어떻게 공부해야 하나요?

이 책은 한 권을 한 달 동안 푸는 것을 권장합니다.
각 단계별 학교 진도는 다음과 같습니다.

단계	MA	MB	MC	MD	ME	MF
권 수	8권	5권	7권	7권	7권	7권
학교 진도	초등 이전	초등 1학년	초등 2학년	초등 3학년	초등 3학년	초등 4학년

초등학교 1학년이 3월에 MB 단계부터 매달 1권씩 꾸준히 푼다고 한다면 2학년이 시작될 때 MD 단계를 풀게 되고, 3학년 때 MF 단계(4학년 과정)까지 마무리할 수 있습니다.

이 책 시리즈로 꼼꼼히 학습하게 되면 일반 방문학습지 못지 않게 충분한 연산 실력을 쌓게 되고 조금씩 다음 학년 진도까지 학습할 수 있다는 장점이 있습니다.

매일 꾸준히 성실하게 학습한다면 학년 구분 없이 원하는 진도를 스스로 계획하고 진행해 나갈 수 있습니다.

'연산 UP'은 어떻게 공부해야 하나요?

'연산 UP'은 4주 동안 훈련한 연산 능력을 확인하는 과정이자 학교에서 흔히 접하는 계산 유형 문제까지 접할 수 있는 코너입니다.
'연산 UP'의 구성은 다음과 같습니다.

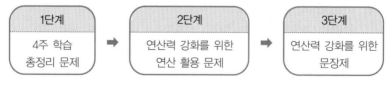

1단계	2단계	3단계
4주 학습 총정리 문제	연산력 강화를 위한 연산 활용 문제	연산력 강화를 위한 문장제

'연산 UP'은 모두 16쪽으로 구성되었으므로 하루 8쪽씩 2일 동안 학습하고, 다음 단계로 진행할 것을 권장합니다.

MA 6~7세

권	제목	주차별 학습 내용
1	20까지의 수 1	1주 5까지의 수 (1)
		2주 5까지의 수 (2)
		3주 5까지의 수 (3)
		4주 10까지의 수
2	20까지의 수 2	1주 10까지의 수 (1)
		2주 10까지의 수 (2)
		3주 20까지의 수 (1)
		4주 20까지의 수 (2)
3	20까지의 수 3	1주 20까지의 수 (1)
		2주 20까지의 수 (2)
		3주 20까지의 수 (3)
		4주 20까지의 수 (4)
4	50까지의 수	1주 50까지의 수 (1)
		2주 50까지의 수 (2)
		3주 50까지의 수 (3)
		4주 50까지의 수 (4)
5	1000까지의 수	1주 100까지의 수 (1)
		2주 100까지의 수 (2)
		3주 100까지의 수 (3)
		4주 1000까지의 수
6	수 가르기와 모으기	1주 수 가르기 (1)
		2주 수 가르기 (2)
		3주 수 모으기 (1)
		4주 수 모으기 (2)
7	덧셈의 기초	1주 상황 속 덧셈
		2주 더하기 1
		3주 더하기 2
		4주 더하기 3
8	뺄셈의 기초	1주 상황 속 뺄셈
		2주 빼기 1
		3주 빼기 2
		4주 빼기 3

MB 초등 1·2학년 ①

권	제목	주차별 학습 내용
1	덧셈 1	1주 받아올림이 없는 (한 자리 수)+(한 자리 수) (1)
		2주 받아올림이 없는 (한 자리 수)+(한 자리 수) (2)
		3주 받아올림이 없는 (한 자리 수)+(한 자리 수) (3)
		4주 받아올림이 없는 (두 자리 수)+(한 자리 수)
2	덧셈 2	1주 받아올림이 없는 (두 자리 수)+(한 자리 수)
		2주 받아올림이 있는 (한 자리 수)+(한 자리 수) (1)
		3주 받아올림이 있는 (한 자리 수)+(한 자리 수) (2)
		4주 받아올림이 있는 (한 자리 수)+(한 자리 수) (3)
3	뺄셈 1	1주 (한 자리 수)−(한 자리 수) (1)
		2주 (한 자리 수)−(한 자리 수) (2)
		3주 (한 자리 수)−(한 자리 수) (3)
		4주 받아내림이 없는 (두 자리 수)−(한 자리 수)
4	뺄셈 2	1주 받아내림이 없는 (두 자리 수)−(한 자리 수)
		2주 받아내림이 있는 (두 자리 수)−(한 자리 수) (1)
		3주 받아내림이 있는 (두 자리 수)−(한 자리 수) (2)
		4주 받아내림이 있는 (두 자리 수)−(한 자리 수) (3)
5	덧셈과 뺄셈의 완성	1주 (한 자리 수)+(한 자리 수), (한 자리 수)−(한 자리 수)
		2주 세 수의 덧셈, 세 수의 뺄셈 (1)
		3주 (한 자리 수)+(한 자리 수), (두 자리 수)−(한 자리 수)
		4주 세 수의 덧셈, 세 수의 뺄셈 (2)

MC 초등 1 · 2학년 ②

권	제목		주차별 학습 내용
1	두 자리 수의 덧셈 1	1주	받아올림이 없는 (두 자리 수)+(한 자리 수)
		2주	몇십 만들기
		3주	받아올림이 있는 (두 자리 수)+(한 자리 수) (1)
		4주	받아올림이 있는 (두 자리 수)+(한 자리 수) (2)
2	두 자리 수의 덧셈 2	1주	받아올림이 없는 (두 자리 수)+(두 자리 수) (1)
		2주	받아올림이 없는 (두 자리 수)+(두 자리 수) (2)
		3주	받아올림이 없는 (두 자리 수)+(두 자리 수) (3)
		4주	받아올림이 없는 (두 자리 수)+(두 자리 수) (4)
3	두 자리 수의 덧셈 3	1주	받아올림이 있는 (두 자리 수)+(두 자리 수) (1)
		2주	받아올림이 있는 (두 자리 수)+(두 자리 수) (2)
		3주	받아올림이 있는 (두 자리 수)+(두 자리 수) (3)
		4주	받아올림이 있는 (두 자리 수)+(두 자리 수) (4)
4	두 자리 수의 뺄셈 1	1주	받아내림이 없는 (두 자리 수)−(한 자리 수)
		2주	몇십에서 빼기
		3주	받아내림이 있는 (두 자리 수)−(한 자리 수) (1)
		4주	받아내림이 있는 (두 자리 수)−(한 자리 수) (2)
5	두 자리 수의 뺄셈 2	1주	받아내림이 없는 (두 자리 수)−(두 자리 수) (1)
		2주	받아내림이 없는 (두 자리 수)−(두 자리 수) (2)
		3주	받아내림이 없는 (두 자리 수)−(두 자리 수) (3)
		4주	받아내림이 없는 (두 자리 수)−(두 자리 수) (4)
6	두 자리 수의 뺄셈 3	1주	받아내림이 있는 (두 자리 수)−(두 자리 수) (1)
		2주	받아내림이 있는 (두 자리 수)−(두 자리 수) (2)
		3주	받아내림이 있는 (두 자리 수)−(두 자리 수) (3)
		4주	받아내림이 있는 (두 자리 수)−(두 자리 수) (4)
7	덧셈과 뺄셈의 완성	1주	세 수의 덧셈
		2주	세 수의 뺄셈
		3주	(두 자리 수)+(한 자리 수), (두 자리 수)−(한 자리 수) 종합
		4주	(두 자리 수)+(두 자리 수), (두 자리 수)−(두 자리 수) 종합

MD 초등 2 · 3학년 ①

권	제목		주차별 학습 내용
1	두 자리 수의 덧셈	1주	받아올림이 있는 (두 자리 수)+(두 자리 수) (1)
		2주	받아올림이 있는 (두 자리 수)+(두 자리 수) (2)
		3주	받아올림이 있는 (두 자리 수)+(두 자리 수) (3)
		4주	받아올림이 있는 (두 자리 수)+(두 자리 수) (4)
2	세 자리 수의 덧셈 1	1주	받아올림이 없는 (세 자리 수)+(두 자리 수)
		2주	받아올림이 있는 (세 자리 수)+(두 자리 수) (1)
		3주	받아올림이 있는 (세 자리 수)+(두 자리 수) (2)
		4주	받아올림이 있는 (세 자리 수)+(두 자리 수) (3)
3	세 자리 수의 덧셈 2	1주	받아올림이 있는 (세 자리 수)+(세 자리 수) (1)
		2주	받아올림이 있는 (세 자리 수)+(세 자리 수) (2)
		3주	받아올림이 있는 (세 자리 수)+(세 자리 수) (3)
		4주	받아올림이 있는 (세 자리 수)+(세 자리 수) (4)
4	두·세 자리 수의 뺄셈	1주	받아내림이 있는 (두 자리 수)−(두 자리 수) (1)
		2주	받아내림이 있는 (두 자리 수)−(두 자리 수) (2)
		3주	받아내림이 있는 (두 자리 수)−(두 자리 수) (3)
		4주	받아내림이 없는 (세 자리 수)−(두 자리 수)
5	세 자리 수의 뺄셈 1	1주	받아내림이 있는 (세 자리 수)−(두 자리 수) (1)
		2주	받아내림이 있는 (세 자리 수)−(두 자리 수) (2)
		3주	받아내림이 있는 (세 자리 수)−(두 자리 수) (3)
		4주	받아내림이 있는 (세 자리 수)−(두 자리 수) (4)
6	세 자리 수의 뺄셈 2	1주	받아내림이 있는 (세 자리 수)−(세 자리 수) (1)
		2주	받아내림이 있는 (세 자리 수)−(세 자리 수) (2)
		3주	받아내림이 있는 (세 자리 수)−(세 자리 수) (3)
		4주	받아내림이 있는 (세 자리 수)−(세 자리 수) (4)
7	덧셈과 뺄셈의 완성	1주	덧셈의 완성 (1)
		2주	덧셈의 완성 (2)
		3주	뺄셈의 완성 (1)
		4주	뺄셈의 완성 (2)

ME　초등 2·3학년 ②

권	제목	주차별 학습 내용
1	곱셈구구	1주 곱셈구구 (1)
		2주 곱셈구구 (2)
		3주 곱셈구구 (3)
		4주 곱셈구구 (4)
2	(두 자리 수)×(한 자리 수) 1	1주 곱셈구구 종합
		2주 (두 자리 수)×(한 자리 수) (1)
		3주 (두 자리 수)×(한 자리 수) (2)
		4주 (두 자리 수)×(한 자리 수) (3)
3	(두 자리 수)×(한 자리 수) 2	1주 (두 자리 수)×(한 자리 수) (1)
		2주 (두 자리 수)×(한 자리 수) (2)
		3주 (두 자리 수)×(한 자리 수) (3)
		4주 (두 자리 수)×(한 자리 수) (4)
4	(세 자리 수)×(한 자리 수)	1주 (세 자리 수)×(한 자리 수) (1)
		2주 (세 자리 수)×(한 자리 수) (2)
		3주 (세 자리 수)×(한 자리 수) (3)
		4주 곱셈 종합
5	(두 자리 수)÷(한 자리 수) 1	1주 나눗셈의 기초 (1)
		2주 나눗셈의 기초 (2)
		3주 나눗셈의 기초 (3)
		4주 (두 자리 수)÷(한 자리 수)
6	(두 자리 수)÷(한 자리 수) 2	1주 (두 자리 수)÷(한 자리 수) (1)
		2주 (두 자리 수)÷(한 자리 수) (2)
		3주 (두 자리 수)÷(한 자리 수) (3)
		4주 (두 자리 수)÷(한 자리 수) (4)
7	(두·세 자리 수)÷(한 자리 수)	1주 (두 자리 수)÷(한 자리 수) (1)
		2주 (두 자리 수)÷(한 자리 수) (2)
		3주 (세 자리 수)÷(한 자리 수) (1)
		4주 (세 자리 수)÷(한 자리 수) (2)

MF　초등 3·4학년

권	제목	주차별 학습 내용
1	(두 자리 수)×(두 자리 수)	1주 (두 자리 수)×(한 자리 수)
		2주 (두 자리 수)×(두 자리 수) (1)
		3주 (두 자리 수)×(두 자리 수) (2)
		4주 (두 자리 수)×(두 자리 수) (3)
2	(두·세 자리 수)×(두 자리 수)	1주 (두 자리 수)×(두 자리 수)
		2주 (세 자리 수)×(두 자리 수) (1)
		3주 (세 자리 수)×(두 자리 수) (2)
		4주 곱셈의 완성
3	(두 자리 수)÷(두 자리 수)	1주 (두 자리 수)÷(두 자리 수) (1)
		2주 (두 자리 수)÷(두 자리 수) (2)
		3주 (두 자리 수)÷(두 자리 수) (3)
		4주 (두 자리 수)÷(두 자리 수) (4)
4	(세 자리 수)÷(두 자리 수)	1주 (세 자리 수)÷(두 자리 수) (1)
		2주 (세 자리 수)÷(두 자리 수) (2)
		3주 (세 자리 수)÷(두 자리 수) (3)
		4주 나눗셈의 완성
5	혼합 계산	1주 혼합 계산 (1)
		2주 혼합 계산 (2)
		3주 혼합 계산 (3)
		4주 곱셈과 나눗셈, 혼합 계산 총정리
6	분수의 덧셈과 뺄셈	1주 분수의 덧셈 (1)
		2주 분수의 덧셈 (2)
		3주 분수의 뺄셈
7	소수의 덧셈과 뺄셈	1주 분수의 덧셈과 뺄셈
		2주 소수의 기초, 소수의 덧셈과 뺄셈 (1)
		3주 소수의 덧셈과 뺄셈 (2)
		4주 소수의 덧셈과 뺄셈 (3)

받아올림이 있는 (두 자리 수)+(두 자리 수) (1)

1주차

요일	교재 번호	학습한 날짜		확인
1일차(월)	01~08	월	일	
2일차(화)	09~16	월	일	
3일차(수)	17~24	월	일	
4일차(목)	25~32	월	일	
5일차(금)	33~40	월	일	

MC01 받아올림이 있는 (두 자리 수)+(두 자리 수) (1)

● 그림을 보고 덧셈을 하세요.

(1)
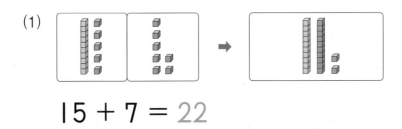

$15 + 7 = 22$

(2)
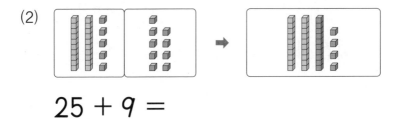

$25 + 9 =$

(3)
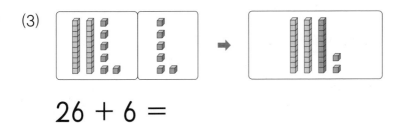

$26 + 6 =$

(4)
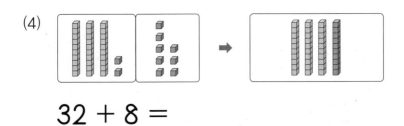

$32 + 8 =$

(5)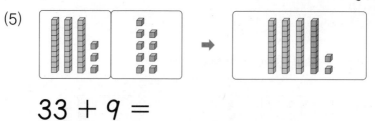

$$33 + 9 =$$

(6)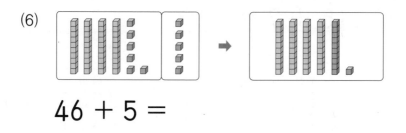

$$46 + 5 =$$

(7)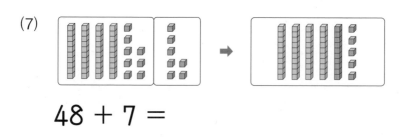

$$48 + 7 =$$

(8)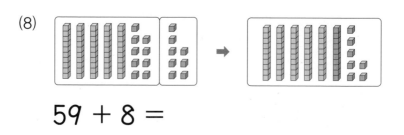

$$59 + 8 =$$

MC01 받아올림이 있는 (두 자리 수)+(두 자리 수) (1)

● 그림을 보고 덧셈을 하세요.

(1)
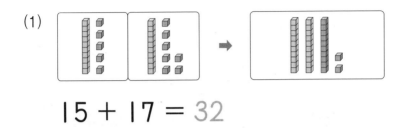

$$15 + 17 = 32$$

(2)
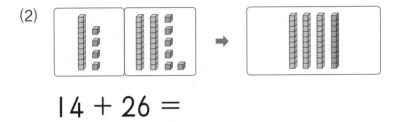

$$14 + 26 =$$

(3)
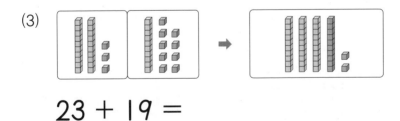

$$23 + 19 =$$

(4)
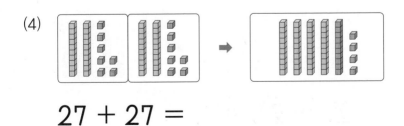

$$27 + 27 =$$

(5)

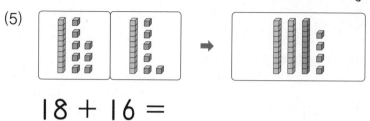

$18 + 16 =$

(6)

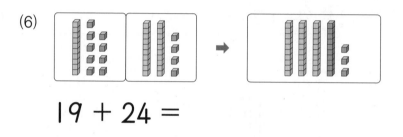

$19 + 24 =$

(7)

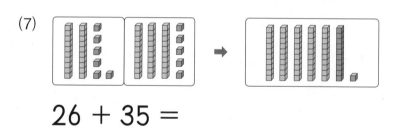

$26 + 35 =$

(8)

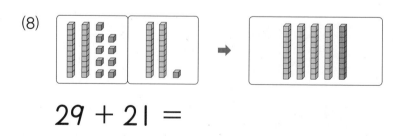

$29 + 21 =$

MC01 받아올림이 있는 (두 자리 수)+(두 자리 수) (1)

● 그림을 보고 덧셈을 하세요.

(1)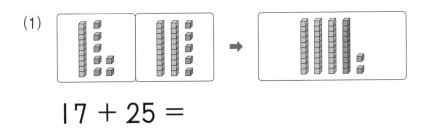

$$17 + 25 =$$

(2)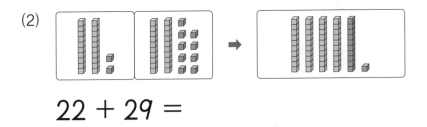

$$22 + 29 =$$

(3)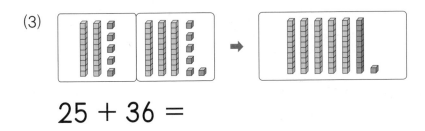

$$25 + 36 =$$

(4)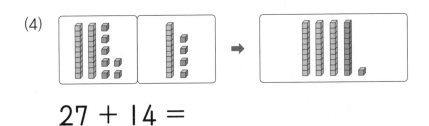

$$27 + 14 =$$

(5)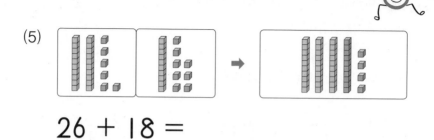

$$26 + 18 =$$

(6)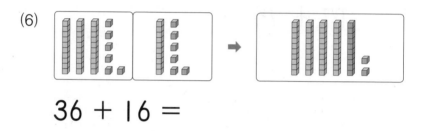

$$36 + 16 =$$

(7)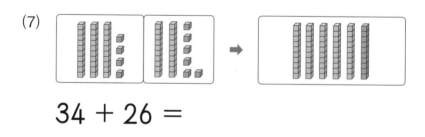

$$34 + 26 =$$

(8)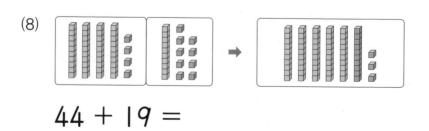

$$44 + 19 =$$

MC01 받아올림이 있는 (두 자리 수)+(두 자리 수) (1)

● 그림을 보고 덧셈을 하세요.

(1)

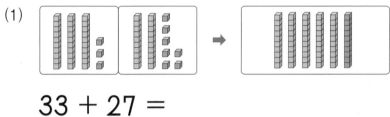

$$33 + 27 =$$

(2)

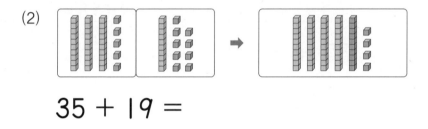

$$35 + 19 =$$

(3)

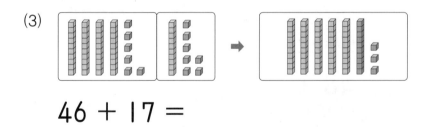

$$46 + 17 =$$

(4)

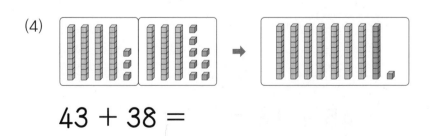

$$43 + 38 =$$

(5)

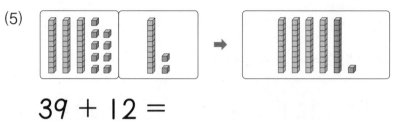

$$39 + 12 =$$

(6)

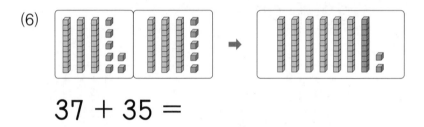

$$37 + 35 =$$

(7)

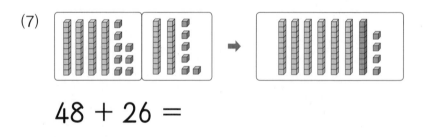

$$48 + 26 =$$

(8)

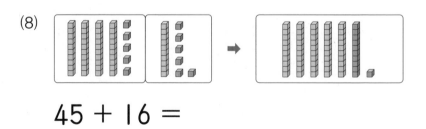

$$45 + 16 =$$

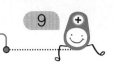

MC01 받아올림이 있는 (두 자리 수)+(두 자리 수) (1)

● 순서에 따라 계산하여 □ 안에 알맞은 수를 쓰세요.

(1) $14 + 16 = 20 + 10 = \boxed{30}$
    ① ②   ①   ②

(2) $14 + 17 = 20 + 11 = \boxed{}$
    ① ②   ①   ②

(3) $25 + 17 = 30 + 12 = \boxed{}$
    ① ②   ①   ②

(4) $24 + 28 = 40 + 12 = \boxed{}$
    ① ②   ①   ②

(5) $36 + 19 = 40 + 15 = \boxed{}$
    ① ②   ①   ②

(6) $15 + 26 = 30 + \boxed{} = \boxed{}$
    ①   ①   ②
       ②

(7) $13 + 49 = 50 + \boxed{} = \boxed{}$
    ①
       ②

(8) $24 + 18 = 30 + \boxed{} = \boxed{}$
    ①
       ②

(9) $25 + 39 = 50 + \boxed{} = \boxed{}$
    ①
       ②

(10) $33 + 28 = 50 + \boxed{} = \boxed{}$
    ①
       ②

(11) $31 + 39 = 60 + \boxed{} = \boxed{}$
    ①
       ②

MC01 받아올림이 있는 (두 자리 수)+(두 자리 수) (1)

● 순서에 따라 계산하여 ☐ 안에 알맞은 수를 쓰세요.

(1) $13 + 18 = $ ☐ $+ 11 = $ ☐
　　①　②　　　　　　①　　②

(2) $15 + 17 = $ ☐ $+ 12 = $ ☐
　　①　②

(3) $16 + 17 = $ ☐ $+ 13 = $ ☐
　　①　②

(4) $27 + 45 = $ ☐ $+ 12 = $ ☐
　　①　②

(5) $29 + 33 = $ ☐ $+ 12 = $ ☐
　　①　②

(6) $24 + 47 = \boxed{} + 11 = \boxed{}$
① ②

(7) $29 + 52 = \boxed{} + 11 = \boxed{}$
① ②

(8) $38 + 17 = \boxed{} + 15 = \boxed{}$
① ②

(9) $46 + 14 = \boxed{} + 10 = \boxed{}$
① ②

(10) $39 + 13 = \boxed{} + 12 = \boxed{}$
① ②

(11) $37 + 37 = \boxed{} + 14 = \boxed{}$
① ②

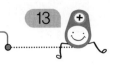

MC01 받아올림이 있는 (두 자리 수)+(두 자리 수) (1)

● 순서에 따라 계산하여 ☐ 안에 알맞은 수를 쓰세요.

(1) $18 + 24 = \boxed{30} + 12 = \boxed{}$
　　 ①　　②　　　　①　　②

(2) $19 + 35 = \boxed{} + 14 = \boxed{}$
　　 ①　　②

(3) $26 + 46 = \boxed{} + 12 = \boxed{}$
　　 ①　　②

(4) $37 + 13 = \boxed{} + 10 = \boxed{}$
　　　 ①　　②

(5) $38 + 23 = \boxed{} + 11 = \boxed{}$
　　 ①　　②

(6) $36 + 25 =$ ☐ $+ 11 =$ ☐
　　①　②

(7) $38 + 36 =$ ☐ $+ 14 =$ ☐
　　①　②

(8) $17 + 65 =$ ☐ $+ 12 =$ ☐
　　①　②

(9) $19 + 43 =$ ☐ $+ 12 =$ ☐
　　①　②

(10) $25 + 25 =$ ☐ $+ 10 =$ ☐
　　①　②

(11) $28 + 57 =$ ☐ $+ 15 =$ ☐
　　①　②

MC01 받아올림이 있는 (두 자리 수)+(두 자리 수) (1)

● 순서에 따라 계산하여 □ 안에 알맞은 수를 쓰세요.

(1) $44 + 18 =$ ⬜ $+$ ⬜ $=$ ⬜
①　②

(2) $45 + 38 =$ ⬜ $+$ ⬜ $=$ ⬜
①　②

(3) $53 + 29 =$ ⬜ $+$ ⬜ $=$ ⬜
①　②

(4) $56 + 37 =$ ⬜ $+$ ⬜ $=$ ⬜
①　②

(5) $62 + 29 =$ ⬜ $+$ ⬜ $=$ ⬜
①　②

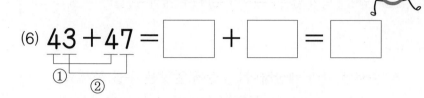

(6) $43 + 47 =$ ☐ $+$ ☐ $=$ ☐
　　①　②

(7) $45 + 29 =$ ☐ $+$ ☐ $=$ ☐
　　①　②

(8) $56 + 26 =$ ☐ $+$ ☐ $=$ ☐
　　①　②

(9) $57 + 18 =$ ☐ $+$ ☐ $=$ ☐
　　①　②

(10) $64 + 27 =$ ☐ $+$ ☐ $=$ ☐
　　①　②

(11) $65 + 16 =$ ☐ $+$ ☐ $=$ ☐
　　①　②

MC01 받아올림이 있는 (두 자리 수)+(두 자리 수) (1)

● 순서에 따라 계산하여 □ 안에 알맞은 수를 쓰세요.

(1) $49 + 27 =$ □ $+$ □ $=$ □
①　②

(2) $47 + 45 =$ □ $+$ □ $=$ □
①　②

(3) $58 + 13 =$ □ $+$ □ $=$ □
①　②

(4) $59 + 36 =$ □ $+$ □ $=$ □
①　②

(5) $68 + 22 =$ □ $+$ □ $=$ □
①　②

(6) $67 + 15 =$ ⬚ $+$ ⬚ $=$ ⬚
① ②

(7) $69 + 29 =$ ⬚ $+$ ⬚ $=$ ⬚
① ②

(8) $57 + 25 =$ ⬚ $+$ ⬚ $=$ ⬚
① ②

(9) $58 + 16 =$ ⬚ $+$ ⬚ $=$ ⬚
① ②

(10) $46 + 35 =$ ⬚ $+$ ⬚ $=$ ⬚
① ②

(11) $49 + 14 =$ ⬚ $+$ ⬚ $=$ ⬚
① ②

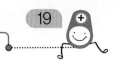

MC01 받아올림이 있는 (두 자리 수) + (두 자리 수) (1)

● 순서에 따라 계산하여 ☐ 안에 알맞은 수를 쓰세요.

(1) $14 + 19 = \boxed{} + \boxed{} = \boxed{}$

① ②

(2) $18 + 32 = \boxed{} + \boxed{} = \boxed{}$

① ②

(3) $19 + 26 = \boxed{} + \boxed{} = \boxed{}$

① ②

(4) $25 + 27 = \boxed{} + \boxed{} = \boxed{}$

① ②

(5) $26 + 48 = \boxed{} + \boxed{} = \boxed{}$

① ②

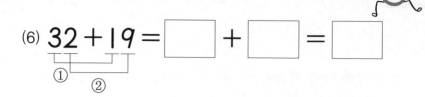

(6) $32 + 19 =$ ☐ $+$ ☐ $=$ ☐
　　　①　　②

(7) $35 + 37 =$ ☐ $+$ ☐ $=$ ☐
　　　①　　②

(8) $48 + 26 =$ ☐ $+$ ☐ $=$ ☐
　　　①　　②

(9) $47 + 37 =$ ☐ $+$ ☐ $=$ ☐
　　　①　　②

(10) $54 + 19 =$ ☐ $+$ ☐ $=$ ☐
　　　①　　②

(11) $68 + 23 =$ ☐ $+$ ☐ $=$ ☐
　　　①　　②

MC01 받아올림이 있는 (두 자리 수)+(두 자리 수) (1)

● 순서에 따라 계산하여 ☐ 안에 알맞은 수를 쓰세요.

(1) $15 + 28 = $ ☐ $+$ ☐ $=$ ☐
①　②

(2) $36 + 19 = $ ☐ $+$ ☐ $=$ ☐
①　②

(3) $57 + 33 = $ ☐ $+$ ☐ $=$ ☐
①　②

(4) $26 + 16 = $ ☐ $+$ ☐ $=$ ☐
①　②

(5) $49 + 14 = $ ☐ $+$ ☐ $=$ ☐
①　②

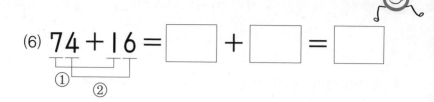

(6) $74 + 16 =$ ⬜ $+$ ⬜ $=$ ⬜
　①　②

(7) $58 + 13 =$ ⬜ $+$ ⬜ $=$ ⬜
　①　②

(8) $36 + 38 =$ ⬜ $+$ ⬜ $=$ ⬜
　①　②

(9) $26 + 19 =$ ⬜ $+$ ⬜ $=$ ⬜
　①　②

(10) $49 + 21 =$ ⬜ $+$ ⬜ $=$ ⬜
　①　②

(11) $65 + 27 =$ ⬜ $+$ ⬜ $=$ ⬜
　①　②

MC01 받아올림이 있는 (두 자리 수)+(두 자리 수) (1)

● 순서에 따라 계산하여 ☐ 안에 알맞은 수를 쓰세요.

(1) $28 + 24 = $ ☐ $+$ ☐ $=$ ☐
①　②

(2) $43 + 17 = $ ☐ $+$ ☐ $=$ ☐
①　②

(3) $16 + 19 = $ ☐ $+$ ☐ $=$ ☐
①　②

(4) $58 + 38 = $ ☐ $+$ ☐ $=$ ☐
①　②

(5) $35 + 26 = $ ☐ $+$ ☐ $=$ ☐
①　②

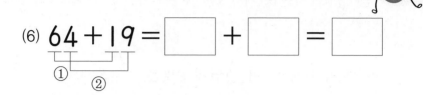

(6) $64 + 19 = \boxed{} + \boxed{} = \boxed{}$

    ① ②

(7) $17 + 56 = \boxed{} + \boxed{} = \boxed{}$

    ① ②

(8) $78 + 15 = \boxed{} + \boxed{} = \boxed{}$

    ① ②

(9) $59 + 22 = \boxed{} + \boxed{} = \boxed{}$

    ① ②

(10) $47 + 17 = \boxed{} + \boxed{} = \boxed{}$

    ① ②

(11) $24 + 48 = \boxed{} + \boxed{} = \boxed{}$

    ① ②

MC01 받아올림이 있는 (두 자리 수)+(두 자리 수) (1)

● 덧셈을 하세요.

(1) $15 + 17 =$

(2) $15 + 16 =$

(3) $16 + 28 =$

(4) $14 + 18 =$

(5) $26 + 18 =$

(6) $24 + 19 =$

(7) $21 + 29 =$

(8) $27 + 27 =$

(9) 15 + 36 =

(10) 17 + 38 =

(11) 14 + 27 =

(12) 16 + 59 =

(13) 24 + 37 =

(14) 25 + 35 =

(15) 28 + 48 =

(16) 24 + 67 =

(17) 25 + 26 =

MC01 받아올림이 있는 (두 자리 수)+(두 자리 수) (1)

● 덧셈을 하세요.

(1) $17 + 34 =$

(2) $18 + 12 =$

(3) $18 + 26 =$

(4) $16 + 35 =$

(5) $29 + 12 =$

(6) $28 + 24 =$

(7) $27 + 25 =$

(8) $26 + 46 =$

(9) 27 + 46 =

(10) 25 + 25 =

(11) 28 + 18 =

(12) 28 + 16 =

(13) 19 + 34 =

(14) 17 + 37 =

(15) 19 + 63 =

(16) 16 + 24 =

(17) 19 + 46 =

MC01 받아올림이 있는 (두 자리 수)+(두 자리 수) (1)

● 덧셈을 하세요.

(1) $15 + 26 =$

(2) $14 + 58 =$

(3) $13 + 17 =$

(4) $16 + 47 =$

(5) $25 + 29 =$

(6) $24 + 36 =$

(7) $28 + 19 =$

(8) $25 + 38 =$

(9) $17 + 28 =$

(10) $11 + 59 =$

(11) $26 + 16 =$

(12) $28 + 43 =$

(13) $15 + 75 =$

(14) $19 + 32 =$

(15) $25 + 17 =$

(16) $29 + 34 =$

(17) $24 + 18 =$

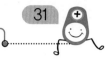

MC01 받아올림이 있는 (두 자리 수)+(두 자리 수) (1)

● 덧셈을 하세요.

(1) $34 + 27 =$

(2) $36 + 29 =$

(3) $35 + 16 =$

(4) $45 + 17 =$

(5) $42 + 18 =$

(6) $44 + 49 =$

(7) $57 + 28 =$

(8) $55 + 15 =$

(9) $32 + 29 =$

(10) $37 + 17 =$

(11) $34 + 36 =$

(12) $45 + 37 =$

(13) $46 + 19 =$

(14) $48 + 28 =$

(15) $57 + 26 =$

(16) $52 + 19 =$

(17) $54 + 28 =$

MC01 받아올림이 있는 (두 자리 수)+(두 자리 수) (1)

● 덧셈을 하세요.

(1) $49 + 23 =$

(2) $45 + 35 =$

(3) $48 + 16 =$

(4) $37 + 34 =$

(5) $39 + 12 =$

(6) $36 + 26 =$

(7) $58 + 27 =$

(8) $57 + 13 =$

(9) $35 + 15 =$

(10) $37 + 26 =$

(11) $39 + 29 =$

(12) $58 + 16 =$

(13) $56 + 36 =$

(14) $59 + 25 =$

(15) $48 + 27 =$

(16) $49 + 16 =$

(17) $48 + 34 =$

MC01 받아올림이 있는 (두 자리 수) + (두 자리 수) (1)

● 덧셈을 하세요.

(1) 14 + 76 =

(2) 25 + 48 =

(3) 36 + 16 =

(4) 42 + 39 =

(5) 65 + 17 =

(6) 64 + 26 =

(7) 74 + 19 =

(8) 75 + 17 =

本番

(9) 18 + 54 =

(10) 29 + 25 =

(11) 38 + 46 =

(12) 47 + 15 =

(13) 56 + 34 =

(14) 69 + 22 =

(15) 68 + 14 =

(16) 79 + 16 =

(17) 77 + 13 =

MC01 받아올림이 있는 (두 자리 수)+(두 자리 수) (1)

● 덧셈을 하세요.

(1) $11 + 19 =$

(2) $19 + 12 =$

(3) $21 + 19 =$

(4) $27 + 13 =$

(5) $28 + 15 =$

(6) $33 + 12 =$

(7) $36 + 24 =$

(8) $43 + 38 =$

(9) 45 + 37 =

(10) 49 + 11 =

(11) 54 + 27 =

(12) 58 + 32 =

(13) 60 + 30 =

(14) 62 + 19 =

(15) 68 + 22 =

(16) 77 + 14 =

(17) 88 + 10 =

MC01 받아올림이 있는 (두 자리 수)+(두 자리 수) (1)

● 덧셈을 하세요.

(1) $15 + 15 =$

(2) $16 + 16 =$

(3) $17 + 17 =$

(4) $18 + 18 =$

(5) $19 + 19 =$

(6) $20 + 20 =$

(7) $25 + 25 =$

(8) $26 + 26 =$

(9) $27 + 27 =$

(10) $30 + 30 =$

(11) $33 + 33 =$

(12) $36 + 36 =$

(13) $40 + 40 =$

(14) $44 + 44 =$

(15) $47 + 47 =$

(16) $49 + 49 =$

(17) $50 + 50 =$

받아올림이 있는
(두 자리 수)+(두 자리 수) (2)

2주차

요일	교재 번호	학습한 날짜		확인
1일차(월)	01~08	월	일	
2일차(화)	09~16	월	일	
3일차(수)	17~24	월	일	
4일차(목)	25~32	월	일	
5일차(금)	33~40	월	일	

● ☐ 안에 알맞은 수를 쓰세요.

(1)
```
    1 4          1 4
+   3 1     →  + 3 1
─────────      ─────────
      5          4 5
```

(2)
```
    2 2          2 2
+   2 5     →  + 2 5
─────────      ─────────
    ☐          ☐ ☐
```

(3)
```
    3 3          3 3
+   4 2     →  + 4 2
─────────      ─────────
    ☐          ☐ ☐
```

(4)

```
    4 8          4 8
  + 1 1    →   + 1 1
  ───────      ───────
      □          □ □
```

(5)

```
    4 3          4 3
  + 2 4    →   + 2 4
  ───────      ───────
      □          □ □
```

(6)

```
    5 3          5 3
  + 2 4    →   + 2 4
  ───────      ───────
      □          □ □
```

(7)

```
    6 2          6 2
  + 3 6    →   + 3 6
  ───────      ───────
      □          □ □
```

3

● □ 안에 알맞은 수를 쓰세요.

(1)

```
    │
    1  5
 +  1  7
 ─────────
       2
```
→
```
    │
    1  5
 +  1  7
 ─────────
    3  2
```

(2)

```
    │
    1  4
 +  1  9
 ─────────
       3
```
→
```
    │
    1  4
 +  1  9
 ─────────
    3  3
```

(3)

```
    │
    1  5
 +  2  6
 ─────────
       1
```
→
```
    □
    1  5
 +  2  6
 ─────────
    □  □
```

(4)

```
    □
    1  8
 +  4  2   →
   ───────
       □
```

```
    □
    1  8
 +  4  2
   ───────
    □  □
```

(5)

```
    □
    1  6
 +  3  6   →
   ───────
       □
```

```
    □
    1  6
 +  3  6
   ───────
    □  □
```

(6)

```
    □
    1  9
 +  2  7   →
   ───────
       □
```

```
    □
    1  9
 +  2  7
   ───────
    □  □
```

(7)

```
    □
    1  5
 +  2  8   →
   ───────
       □
```

```
    □
    1  5
 +  2  8
   ───────
    □  □
```

5

● □ 안에 알맞은 수를 쓰세요.

(1)

$$\begin{array}{r} \square \\ 1\ 4 \\ +\ 1\ 8 \\ \hline \square \end{array} \longrightarrow \begin{array}{r} \square \\ 1\ 4 \\ +\ 1\ 8 \\ \hline \square\ \square \end{array}$$

(2)

$$\begin{array}{r} \square \\ 1\ 7 \\ +\ 2\ 6 \\ \hline \square \end{array} \longrightarrow \begin{array}{r} \square \\ 1\ 7 \\ +\ 2\ 6 \\ \hline \square\ \square \end{array}$$

(3)

$$\begin{array}{r} \square \\ 1\ 2 \\ +\ 3\ 9 \\ \hline \square \end{array} \longrightarrow \begin{array}{r} \square \\ 1\ 2 \\ +\ 3\ 9 \\ \hline \square\ \square \end{array}$$

(4)
```
    □
    1 6
  + 4 5
  ───────
      □
```
→
```
    □
    1 6
  + 4 5
  ───────
    □ □
```

(5)
```
    □
    1 3
  + 5 8
  ───────
      □
```
→
```
    □
    1 3
  + 5 8
  ───────
    □ □
```

(6)
```
    □
    1 5
  + 6 7
  ───────
      □
```
→
```
    □
    1 5
  + 6 7
  ───────
    □ □
```

(7)
```
    □
    1 7
  + 3 4
  ───────
      □
```
→
```
    □
    1 7
  + 3 4
  ───────
    □ □
```

MC02 받아올림이 있는 (두 자리 수)+(두 자리 수) (2)

● □ 안에 알맞은 수를 쓰세요.

(1)
```
   □
   2 4
 + 1 8
 ───────
     □
```
→
```
   □
   2 4
 + 1 8
 ───────
   □ □
```

(2)
```
   □
   2 5
 + 1 6
 ───────
     □
```
→
```
   □
   2 5
 + 1 6
 ───────
   □ □
```

(3)
```
   □
   2 7
 + 2 9
 ───────
     □
```
→
```
   □
   2 7
 + 2 9
 ───────
   □ □
```

(4)

```
    □
    2  8
 +  4  8
 ─────────
       □
```
→
```
    □
    2  8
 +  4  8
 ─────────
    □  □
```

(5)

```
    □
    2  9
 +  5  5
 ─────────
       □
```
→
```
    □
    2  9
 +  5  5
 ─────────
    □  □
```

(6)

```
    □
    2  7
 +  3  3
 ─────────
       □
```
→
```
    □
    2  7
 +  3  3
 ─────────
    □  □
```

(7)

```
    □
    2  6
 +  2  7
 ─────────
       □
```
→
```
    □
    2  6
 +  2  7
 ─────────
    □  □
```

MC02 받아올림이 있는 (두 자리 수) + (두 자리 수) (2)

● □ 안에 알맞은 수를 쓰세요.

(1)

$$\begin{array}{r} \boxed{} \\ 1\ 5 \\ +\ 4\ 8 \\ \hline \boxed{} \end{array}$$
→
$$\begin{array}{r} \boxed{} \\ 1\ 5 \\ +\ 4\ 8 \\ \hline 6\ \boxed{} \end{array}$$

(2)

$$\begin{array}{r} \boxed{} \\ 1\ 3 \\ +\ 7\ 9 \\ \hline \boxed{} \end{array}$$
→
$$\begin{array}{r} \boxed{} \\ 1\ 3 \\ +\ 7\ 9 \\ \hline \boxed{}\ \boxed{} \end{array}$$

(3)

$$\begin{array}{r} \boxed{} \\ 1\ 8 \\ +\ 2\ 4 \\ \hline \boxed{} \end{array}$$
→
$$\begin{array}{r} \boxed{} \\ 1\ 8 \\ +\ 2\ 4 \\ \hline \boxed{}\ \boxed{} \end{array}$$

(4)

```
    □
    2 4
  + 6 6
  ─────
      □
```

→

```
    □
    2 4
  + 6 6
  ─────
    □ □
```

(5)

```
    □
    2 6
  + 5 8
  ─────
      □
```

→

```
    □
    2 6
  + 5 8
  ─────
    □ □
```

(6)

```
    □
    2 7
  + 3 5
  ─────
      □
```

→

```
    □
    2 7
  + 3 5
  ─────
    □ □
```

(7)

```
    □
    2 9
  + 4 3
  ─────
      □
```

→

```
    □
    2 9
  + 4 3
  ─────
    □ □
```

MC02 받아올림이 있는 (두 자리 수)+(두 자리 수) (2)

● ☐ 안에 알맞은 수를 쓰세요.

(1)

```
    ☐
  2 8          ☐
+ 5 4    →    2 8
  ___       + 5 4
    ☐        ___
            ☐ ☐
```

(2)

```
    ☐
  1 5          ☐
+ 3 6    →    1 5
  ___       + 3 6
    ☐        ___
            ☐ ☐
```

(3)

```
    ☐
  2 4          ☐
+ 4 9    →    2 4
  ___       + 4 9
    ☐        ___
            ☐ ☐
```

(4)

```
    □              □
    1  1           1  1
 +  5  9    →   +  5  9
 ─────────      ─────────
       □           □  □
```

(5)

```
    □              □
    2  6           2  6
 +  2  7    →   +  2  7
 ─────────      ─────────
       □           □  □
```

(6)

```
    □              □
    1  7           1  7
 +  6  8    →   +  6  8
 ─────────      ─────────
       □           □  □
```

(7)

```
    □              □
    2  8           2  8
 +  3  6    →   +  3  6
 ─────────      ─────────
       □           □  □
```

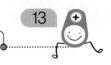

MC02 받아올림이 있는 (두 자리 수)+(두 자리 수) (2)

● ☐ 안에 알맞은 수를 쓰세요.

(1)

$$
\begin{array}{r}
\square \\
3\ 6 \\
+\ 1\ 7 \\
\hline
\square
\end{array}
\longrightarrow
\begin{array}{r}
\square \\
3\ 6 \\
+\ 1\ 7 \\
\hline
\square\ \square
\end{array}
$$

(2)

$$
\begin{array}{r}
\square \\
3\ 4 \\
+\ 2\ 8 \\
\hline
\square
\end{array}
\longrightarrow
\begin{array}{r}
\square \\
3\ 4 \\
+\ 2\ 8 \\
\hline
\square\ \square
\end{array}
$$

(3)

$$
\begin{array}{r}
\square \\
3\ 8 \\
+\ 4\ 5 \\
\hline
\square
\end{array}
\longrightarrow
\begin{array}{r}
\square \\
3\ 8 \\
+\ 4\ 5 \\
\hline
\square\ \square
\end{array}
$$

(4)

$$\begin{array}{r} \square \\ 3\ 3 \\ +\ 3\ 9 \\ \hline \square \end{array}$$
$\longrightarrow$
$$\begin{array}{r} \square \\ 3\ 3 \\ +\ 3\ 9 \\ \hline \square\ \square \end{array}$$

(5)

$$\begin{array}{r} \square \\ 3\ 7 \\ +\ 5\ 6 \\ \hline \square \end{array}$$
$\longrightarrow$
$$\begin{array}{r} \square \\ 3\ 7 \\ +\ 5\ 6 \\ \hline \square\ \square \end{array}$$

(6)

$$\begin{array}{r} \square \\ 3\ 5 \\ +\ 2\ 8 \\ \hline \square \end{array}$$
$\longrightarrow$
$$\begin{array}{r} \square \\ 3\ 5 \\ +\ 2\ 8 \\ \hline \square\ \square \end{array}$$

(7)

$$\begin{array}{r} \square \\ 3\ 8 \\ +\ 4\ 7 \\ \hline \square \end{array}$$
$\longrightarrow$
$$\begin{array}{r} \square \\ 3\ 8 \\ +\ 4\ 7 \\ \hline \square\ \square \end{array}$$

66 한솔 완벽한 연산

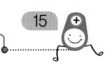

● ☐ 안에 알맞은 수를 쓰세요.

(1)

$$
\begin{array}{r}
\square\\
3\ 4\\
+\ 2\ 7\\
\hline
\square
\end{array}
\longrightarrow
\begin{array}{r}
\square\\
3\ 4\\
+\ 2\ 7\\
\hline
\square\ \square
\end{array}
$$

(2)

$$
\begin{array}{r}
\square\\
3\ 5\\
+\ 2\ 6\\
\hline
\square
\end{array}
\longrightarrow
\begin{array}{r}
\square\\
3\ 5\\
+\ 2\ 6\\
\hline
\square\ \square
\end{array}
$$

(3)

$$
\begin{array}{r}
\square\\
3\ 9\\
+\ 1\ 7\\
\hline
\square
\end{array}
\longrightarrow
\begin{array}{r}
\square\\
3\ 9\\
+\ 1\ 7\\
\hline
\square\ \square
\end{array}
$$

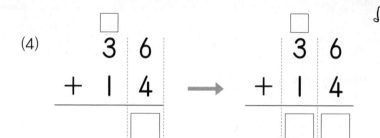

(4)
```
    □
    3  6        3  6
+   1  4   →  + 1  4
───────      ───────
       □       □  □
```

(5)
```
    □
    3  9        3  9
+   5  2   →  + 5  2
───────      ───────
       □       □  □
```

(6)
```
    □
    3  8        3  8
+   3  7   →  + 3  7
───────      ───────
       □       □  □
```

(7)
```
    □
    3  5        3  5
+   2  7   →  + 2  7
───────      ───────
       □       □  □
```

MC02 받아올림이 있는 (두 자리 수) + (두 자리 수) (2)

● ☐ 안에 알맞은 수를 쓰세요.

(1)
```
    ☐            ☐
    1  7         1  7
 +  5  8   →  +  5  8
 ─────────   ─────────
       ☐         ☐  ☐
```

(2)
```
    ☐            ☐
    2  3         2  3
 +  1  9   →  +  1  9
 ─────────   ─────────
       ☐         ☐  ☐
```

(3)
```
    ☐            ☐
    3  7         3  7
 +  3  6   →  +  3  6
 ─────────   ─────────
       ☐         ☐  ☐
```

(4)
$$
\begin{array}{r}
\square \\
1\ 8 \\
+\ 6\ 9 \\
\hline
\square
\end{array}
\longrightarrow
\begin{array}{r}
\square \\
1\ 8 \\
+\ 6\ 9 \\
\hline
\square\ \square
\end{array}
$$

(5)
$$
\begin{array}{r}
\square \\
2\ 5 \\
+\ 2\ 7 \\
\hline
\square
\end{array}
\longrightarrow
\begin{array}{r}
\square \\
2\ 5 \\
+\ 2\ 7 \\
\hline
\square\ \square
\end{array}
$$

(6)
$$
\begin{array}{r}
\square \\
3\ 7 \\
+\ 1\ 3 \\
\hline
\square
\end{array}
\longrightarrow
\begin{array}{r}
\square \\
3\ 7 \\
+\ 1\ 3 \\
\hline
\square\ \square
\end{array}
$$

(7)
$$
\begin{array}{r}
\square \\
1\ 7 \\
+\ 5\ 4 \\
\hline
\square
\end{array}
\longrightarrow
\begin{array}{r}
\square \\
1\ 7 \\
+\ 5\ 4 \\
\hline
\square\ \square
\end{array}
$$

MC02 받아올림이 있는 (두 자리 수)+(두 자리 수) (2)

● ☐ 안에 알맞은 수를 쓰세요.

(1)
$$\begin{array}{r} \square \\ 4\ 3 \\ +\ 1\ 8 \\ \hline \square \end{array}$$
$\longrightarrow$
$$\begin{array}{r} \square \\ 4\ 3 \\ +\ 1\ 8 \\ \hline \square\ \square \end{array}$$

(2)
$$\begin{array}{r} \square \\ 4\ 4 \\ +\ 2\ 7 \\ \hline \square \end{array}$$
$\longrightarrow$
$$\begin{array}{r} \square \\ 4\ 4 \\ +\ 2\ 7 \\ \hline \square\ \square \end{array}$$

(3)
$$\begin{array}{r} \square \\ 4\ 6 \\ +\ 3\ 5 \\ \hline \square \end{array}$$
$\longrightarrow$
$$\begin{array}{r} \square \\ 4\ 6 \\ +\ 3\ 5 \\ \hline \square\ \square \end{array}$$

(4)
```
    □
    4 5
  + 4 7
  ───────
      □
```
→
```
    □
    4 5
  + 4 7
  ───────
    □ □
```

(5)
```
    □
    4 8
  + 3 8
  ───────
      □
```
→
```
    □
    4 8
  + 3 8
  ───────
    □ □
```

(6)
```
    □
    4 1
  + 2 9
  ───────
      □
```
→
```
    □
    4 1
  + 2 9
  ───────
    □ □
```

(7)
```
    □
    4 7
  + 3 6
  ───────
      □
```
→
```
    □
    4 7
  + 3 6
  ───────
    □ □
```

MC02 받아올림이 있는 (두 자리 수)+(두 자리 수) (2)

● □ 안에 알맞은 수를 쓰세요.

(1)
$$\begin{array}{r} \square \\ 4\ 3 \\ +\ 2\ 8 \\ \hline \square \end{array}$$
→
$$\begin{array}{r} \square \\ 4\ 3 \\ +\ 2\ 8 \\ \hline \square\ \square \end{array}$$

(2)
$$\begin{array}{r} \square \\ 4\ 5 \\ +\ 2\ 9 \\ \hline \square \end{array}$$
→
$$\begin{array}{r} \square \\ 4\ 5 \\ +\ 2\ 9 \\ \hline \square\ \square \end{array}$$

(3)
$$\begin{array}{r} \square \\ 4\ 6 \\ +\ 1\ 7 \\ \hline \square \end{array}$$
→
$$\begin{array}{r} \square \\ 4\ 6 \\ +\ 1\ 7 \\ \hline \square\ \square \end{array}$$

(4)
```
    □
    4 7          4 7
  + 1 4        + 1 4
  -------      -------
      □         □   □
```

(5)
```
    □
    4 5          4 5
  + 3 5        + 3 5
  -------      -------
      □         □   □
```

(6)
```
    □
    4 9          4 9
  + 4 6        + 4 6
  -------      -------
      □         □   □
```

(7)
```
    □
    4 6          4 6
  + 2 6        + 2 6
  -------      -------
      □         □   □
```

MC02 받아올림이 있는 (두 자리 수) + (두 자리 수) (2)

● ☐ 안에 알맞은 수를 쓰세요.

(1)

$$
\begin{array}{r}
\square \\
3\;\;4 \\
+\;1\;\;8 \\
\hline
\square
\end{array}
\longrightarrow
\begin{array}{r}
\square \\
3\;\;4 \\
+\;1\;\;8 \\
\hline
\square\;\square
\end{array}
$$

(2)

$$
\begin{array}{r}
\square \\
4\;\;5 \\
+\;2\;\;7 \\
\hline
\square
\end{array}
\longrightarrow
\begin{array}{r}
\square \\
4\;\;5 \\
+\;2\;\;7 \\
\hline
\square\;\square
\end{array}
$$

(3)

$$
\begin{array}{r}
\square \\
3\;\;9 \\
+\;3\;\;9 \\
\hline
\square
\end{array}
\longrightarrow
\begin{array}{r}
\square \\
3\;\;9 \\
+\;3\;\;9 \\
\hline
\square\;\square
\end{array}
$$

(4)
```
  □
  4 7
+ 4 5
─────
    □
```
→
```
  □
  4 7
+ 4 5
─────
 □ □
```

(5)
```
  □
  3 2
+ 2 9
─────
    □
```
→
```
  □
  3 2
+ 2 9
─────
 □ □
```

(6)
```
  □
  4 6
+ 3 8
─────
    □
```
→
```
  □
  4 6
+ 3 8
─────
 □ □
```

(7)
```
  □
  3 8
+ 4 4
─────
    □
```
→
```
  □
  3 8
+ 4 4
─────
 □ □
```

MC02 받아올림이 있는 (두 자리 수) + (두 자리 수) (2)

● ☐ 안에 알맞은 수를 쓰세요.

(1)

```
    ☐
    4  4              4  4
+   2  8    →    +    2  8
─────────        ──────────
      ☐             ☐  ☐
```

(2)

```
    ☐
    3  7              3  7
+   5  5    →    +    5  5
─────────        ──────────
      ☐             ☐  ☐
```

(3)

```
    ☐
    4  5              4  5
+   1  9    →    +    1  9
─────────        ──────────
      ☐             ☐  ☐
```

(4)
```
    □
    3  6
+   2  9    →
  ─────────
       □
```
```
    □
    3  6
+   2  9
  ─────────
    □  □
```

(5)
```
    □
    4  8
+   3  7    →
  ─────────
       □
```
```
    □
    4  8
+   3  7
  ─────────
    □  □
```

(6)
```
    □
    3  3
+   5  8    →
  ─────────
       □
```
```
    □
    3  3
+   5  8
  ─────────
    □  □
```

(7)
```
    □
    4  9
+   2  6    →
  ─────────
       □
```
```
    □
    4  9
+   2  6
  ─────────
    □  □
```

MC02 받아올림이 있는 (두 자리 수)+(두 자리 수) (2)

● ☐ 안에 알맞은 수를 쓰세요.

(1)

$$\begin{array}{r} \square \\ 5\ 6 \\ +\ 1\ 7 \\ \hline \square \end{array} \longrightarrow \begin{array}{r} \square \\ 5\ 6 \\ +\ 1\ 7 \\ \hline \square\ \square \end{array}$$

(2)

$$\begin{array}{r} \square \\ 5\ 4 \\ +\ 1\ 8 \\ \hline \square \end{array} \longrightarrow \begin{array}{r} \square \\ 5\ 4 \\ +\ 1\ 8 \\ \hline \square\ \square \end{array}$$

(3)

$$\begin{array}{r} \square \\ 5\ 2 \\ +\ 3\ 9 \\ \hline \square \end{array} \longrightarrow \begin{array}{r} \square \\ 5\ 2 \\ +\ 3\ 9 \\ \hline \square\ \square \end{array}$$

(4)
```
   □
   5 7
 + 3 5
 ──────
     □
```
→
```
   □
   5 7
 + 3 5
 ──────
   □ □
```

(5)
```
   □
   5 9
 + 2 6
 ──────
     □
```
→
```
   □
   5 9
 + 2 6
 ──────
   □ □
```

(6)
```
   □
   5 8
 + 2 3
 ──────
     □
```
→
```
   □
   5 8
 + 2 3
 ──────
   □ □
```

(7)
```
   □
   5 4
 + 3 7
 ──────
     □
```
→
```
   □
   5 4
 + 3 7
 ──────
   □ □
```

MC02 받아올림이 있는 (두 자리 수)+(두 자리 수) (2)

● □ 안에 알맞은 수를 쓰세요.

(1)

```
    □
    5 4          5 4
+   1 9    →   + 1 9
─────────      ─────────
      □         □   □
```

(2)

```
    □
    5 9          5 9
+   2 7    →   + 2 7
─────────      ─────────
      □         □   □
```

(3)

```
    □
    5 6          5 6
+   3 5    →   + 3 5
─────────      ─────────
      □         □   □
```

(4)
```
    □
    5  8
 +  2  8
 ─────────
       □
```
→
```
    □
    5  8
 +  2  8
 ─────────
    □  □
```

(5)
```
    □
    5  5
 +  3  6
 ─────────
       □
```
→
```
    □
    5  5
 +  3  6
 ─────────
    □  □
```

(6)
```
    □
    5  3
 +  1  9
 ─────────
       □
```
→
```
    □
    5  3
 +  1  9
 ─────────
    □  □
```

(7)
```
    □
    5  1
 +  2  9
 ─────────
       □
```
→
```
    □
    5  1
 +  2  9
 ─────────
    □  □
```

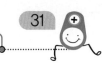

MC02 받아올림이 있는 (두 자리 수)+(두 자리 수) (2)

● ☐ 안에 알맞은 수를 쓰세요.

(1)

$$
\begin{array}{r}
\boxed{} \\
6\ 5 \\
+\ 1\ 6 \\
\hline
\boxed{}
\end{array}
\qquad\longrightarrow\qquad
\begin{array}{r}
\boxed{} \\
6\ 5 \\
+\ 1\ 6 \\
\hline
\boxed{}\ \boxed{}
\end{array}
$$

(2)

$$
\begin{array}{r}
\boxed{} \\
6\ 8 \\
+\ 2\ 9 \\
\hline
\boxed{}
\end{array}
\qquad\longrightarrow\qquad
\begin{array}{r}
\boxed{} \\
6\ 8 \\
+\ 2\ 9 \\
\hline
\boxed{}\ \boxed{}
\end{array}
$$

(3)

$$
\begin{array}{r}
\boxed{} \\
6\ 7 \\
+\ 1\ 7 \\
\hline
\boxed{}
\end{array}
\qquad\longrightarrow\qquad
\begin{array}{r}
\boxed{} \\
6\ 7 \\
+\ 1\ 7 \\
\hline
\boxed{}\ \boxed{}
\end{array}
$$

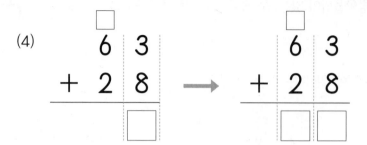

(4)
```
    □
    6   3
+   2   8    →
─────────
        □
```
```
    □
    6   3
+   2   8
─────────
    □   □
```

(5)
```
    □
    6   4
+   1   9    →
─────────
        □
```
```
    □
    6   4
+   1   9
─────────
    □   □
```

(6)
```
    □
    6   6
+   2   7    →
─────────
        □
```
```
    □
    6   6
+   2   7
─────────
    □   □
```

(7)
```
    □
    6   3
+   1   7    →
─────────
        □
```
```
    □
    6   3
+   1   7
─────────
    □   □
```

MC02 받아올림이 있는 (두 자리 수)+(두 자리 수) (2)

● □ 안에 알맞은 수를 쓰세요.

(1)

```
  □
  4 8          4 8
+ 2 5    →   + 2 5
─────        ─────
    □        □   □
```

(2)

```
  □
  5 5          5 5
+ 1 7    →   + 1 7
─────        ─────
    □        □   □
```

(3)

```
  □
  6 4          6 4
+ 2 9    →   + 2 9
─────        ─────
    □        □   □
```

(4)

```
  □
  4 4
+ 3 8
─────
    □
```
→
```
  □
  4 4
+ 3 8
─────
  □ □
```

(5)

```
  □
  5 7
+ 2 6
─────
    □
```
→
```
  □
  5 7
+ 2 6
─────
  □ □
```

(6)

```
  □
  6 9
+ 1 7
─────
    □
```
→
```
  □
  6 9
+ 1 7
─────
  □ □
```

(7)

```
  □
  5 8
+ 3 2
─────
    □
```
→
```
  □
  5 8
+ 3 2
─────
  □ □
```

MC02 받아올림이 있는 (두 자리 수)+(두 자리 수) (2)

● ☐ 안에 알맞은 수를 쓰세요.

(1)

```
    ☐
    6 7          6 7
  + 2 8   →    + 2 8
  ───────      ───────
      ☐        ☐   ☐
```

(2)

```
    ☐
    6 6          6 6
  + 1 9   →    + 1 9
  ───────      ───────
      ☐        ☐   ☐
```

(3)

```
    ☐
    7 5          7 5
  + 1 6   →    + 1 6
  ───────      ───────
      ☐        ☐   ☐
```

(4)
```
    □
    6  7
 +  1  6
 ─────────
       □
```
→
```
    □
    6  7
 +  1  6
 ─────────
    □  □
```

(5)
```
    □
    6  5
 +  2  5
 ─────────
       □
```
→
```
    □
    6  5
 +  2  5
 ─────────
    □  □
```

(6)
```
    □
    7  9
 +  1  3
 ─────────
       □
```
→
```
    □
    7  9
 +  1  3
 ─────────
    □  □
```

(7)
```
    □
    6  8
 +  2  3
 ─────────
       □
```
→
```
    □
    6  8
 +  2  3
 ─────────
    □  □
```

MC02 받아올림이 있는 (두 자리 수)+(두 자리 수) (2)

● ☐ 안에 알맞은 수를 쓰세요.

(1)
$$
\begin{array}{r}
\;\;\,7\;\;6 \\
+\;\;1\;\;8 \\
\hline
\end{array}
\quad\longrightarrow\quad
\begin{array}{r}
\;\;\,7\;\;6 \\
+\;\;1\;\;8 \\
\hline
\end{array}
$$

(2)
$$
\begin{array}{r}
\;\;\,7\;\;4 \\
+\;\;1\;\;7 \\
\hline
\end{array}
\quad\longrightarrow\quad
\begin{array}{r}
\;\;\,7\;\;4 \\
+\;\;1\;\;7 \\
\hline
\end{array}
$$

(3)
$$
\begin{array}{r}
\;\;\,7\;\;3 \\
+\;\;1\;\;9 \\
\hline
\end{array}
\quad\longrightarrow\quad
\begin{array}{r}
\;\;\,7\;\;3 \\
+\;\;1\;\;9 \\
\hline
\end{array}
$$

(4)

$$
\begin{array}{r}
\Box \\
7\ 9 \\
+\ 1\ 6 \\
\hline
\Box
\end{array}
\longrightarrow
\begin{array}{r}
\Box \\
7\ 9 \\
+\ 1\ 6 \\
\hline
\Box\ \Box
\end{array}
$$

(5)

$$
\begin{array}{r}
\Box \\
7\ 5 \\
+\ 1\ 8 \\
\hline
\Box
\end{array}
\longrightarrow
\begin{array}{r}
\Box \\
7\ 5 \\
+\ 1\ 8 \\
\hline
\Box\ \Box
\end{array}
$$

(6)

$$
\begin{array}{r}
\Box \\
7\ 8 \\
+\ 1\ 5 \\
\hline
\Box
\end{array}
\longrightarrow
\begin{array}{r}
\Box \\
7\ 8 \\
+\ 1\ 5 \\
\hline
\Box\ \Box
\end{array}
$$

(7)

$$
\begin{array}{r}
\Box \\
7\ 7 \\
+\ 1\ 9 \\
\hline
\Box
\end{array}
\longrightarrow
\begin{array}{r}
\Box \\
7\ 7 \\
+\ 1\ 9 \\
\hline
\Box\ \Box
\end{array}
$$

MC02 받아올림이 있는 (두 자리 수)+(두 자리 수) (2)

● □ 안에 알맞은 수를 쓰세요.

(1)

```
    □
    5  4
 +  2  7
 ────────
       □
```
→
```
    □
    5  4
 +  2  7
 ────────
    □  □
```

(2)

```
    □
    2  9
 +  6  5
 ────────
       □
```
→
```
    □
    2  9
 +  6  5
 ────────
    □  □
```

(3)

```
    □
    3  6
 +  4  9
 ────────
       □
```
→
```
    □
    3  6
 +  4  9
 ────────
    □  □
```

(4)

```
    □
    4 5
  + 2 7
  ─────
      □
```
→
```
    □
    4 5
  + 2 7
  ─────
   □ □
```

(5)

```
    □
    6 8
  + 2 6
  ─────
      □
```
→
```
    □
    6 8
  + 2 6
  ─────
   □ □
```

(6)

```
    □
    7 7
  + 1 8
  ─────
      □
```
→
```
    □
    7 7
  + 1 8
  ─────
   □ □
```

(7)

```
    □
    5 3
  + 3 8
  ─────
      □
```
→
```
    □
    5 3
  + 3 8
  ─────
   □ □
```

MC단계 3권

받아올림이 있는
(두 자리 수)+(두 자리 수) (3)

3주차

요일	교재 번호	학습한 날짜		확인
1일차(월)	01~08	월	일	
2일차(화)	09~16	월	일	
3일차(수)	17~24	월	일	
4일차(목)	25~32	월	일	
5일차(금)	33~40	월	일	

● 덧셈을 하세요.

(1)
```
    1 4
+   1 6
```

(5)
```
    2 1
+   2 9
```

(2)
```
    1 5
+   4 9
```

(6)
```
    2 2
+   3 9
```

(3)
```
    1 3
+   2 8
```

(7)
```
    2 8
+   4 5
```

(4)
```
    1 9
+   3 7
```

(8)
```
    2 6
+   2 7
```

(9)
```
    1 6
  + 1 8
  ─────
```

(13)
```
    3 5
  + 2 5
  ─────
```

(10)
```
    1 7
  + 6 8
  ─────
```

(14)
```
    3 6
  + 1 6
  ─────
```

(11)
```
    2 5
  + 4 9
  ─────
```

(15)
```
    3 7
  + 3 5
  ─────
```

(12)
```
    2 5
  + 5 8
  ─────
```

(16)
```
    3 9
  + 1 8
  ─────
```

● 덧셈을 하세요.

(1)
```
    3 1
+   1 9
```

(5)
```
    3 4
+   1 7
```

(2)
```
    3 2
+   1 8
```

(6)
```
    3 7
+   3 6
```

(3)
```
    3 3
+   2 9
```

(7)
```
    3 8
+   2 4
```

(4)
```
    3 5
+   4 4
```

(8)
```
    3 6
+   1 9
```

(9)
```
    3 5
  + 1 7
  ─────
```

(13)
```
    3 2
  + 2 9
  ─────
```

(10)
```
    3 4
  + 2 8
  ─────
```

(14)
```
    3 5
  + 4 8
  ─────
```

(11)
```
    3 9
  + 3 5
  ─────
```

(15)
```
    3 7
  + 3 7
  ─────
```

(12)
```
    3 6
  + 4 4
  ─────
```

(16)
```
    3 3
  + 5 7
  ─────
```

MC03 받아올림이 있는 (두 자리 수)+(두 자리 수) (3)

● 덧셈을 하세요.

(1)
```
    4 2
+   1 9
```

(5)
```
    4 7
+   2 7
```

(2)
```
    4 8
+   1 5
```

(6)
```
    4 6
+   3 5
```

(3)
```
    4 1
+   2 9
```

(7)
```
    4 4
+   2 8
```

(4)
```
    4 8
+   3 6
```

(8)
```
    4 5
+   4 9
```

(9)
```
    4 6
+   2 5
─────────
```

(13)
```
    4 2
+   4 8
─────────
```

(10)
```
    4 5
+   3 7
─────────
```

(14)
```
    4 8
+   2 7
─────────
```

(11)
```
    4 9
+   1 4
─────────
```

(15)
```
    4 7
+   1 9
─────────
```

(12)
```
    4 3
+   2 5
─────────
```

(16)
```
    4 9
+   4 8
─────────
```

MC03 받아올림이 있는 (두 자리 수)+(두 자리 수) (3)

● 덧셈을 하세요.

(1)
$$\begin{array}{r} 3\ 6 \\ +\ 2\ 7 \\ \hline \end{array}$$

(5)
$$\begin{array}{r} 3\ 5 \\ +\ 4\ 7 \\ \hline \end{array}$$

(2)
$$\begin{array}{r} 3\ 8 \\ +\ 1\ 8 \\ \hline \end{array}$$

(6)
$$\begin{array}{r} 3\ 2 \\ +\ 3\ 9 \\ \hline \end{array}$$

(3)
$$\begin{array}{r} 3\ 4 \\ +\ 3\ 9 \\ \hline \end{array}$$

(7)
$$\begin{array}{r} 4\ 6 \\ +\ 1\ 5 \\ \hline \end{array}$$

(4)
$$\begin{array}{r} 4\ 7 \\ +\ 2\ 6 \\ \hline \end{array}$$

(8)
$$\begin{array}{r} 4\ 7 \\ +\ 4\ 9 \\ \hline \end{array}$$

(9)
```
    3 3
 +  1 7
 _____
```

(13)
```
    4 5
 +  2 8
 _____
```

(10)
```
    3 5
 +  5 9
 _____
```

(14)
```
    3 9
 +  3 3
 _____
```

(11)
```
    4 2
 +  4 9
 _____
```

(15)
```
    4 5
 +  2 6
 _____
```

(12)
```
    4 7
 +  3 4
 _____
```

(16)
```
    4 9
 +  4 9
 _____
```

MC03 받아올림이 있는 (두 자리 수)+(두 자리 수) (3)

● 덧셈을 하세요.

(1)
```
    3 8
+   1 3
```

(2)
```
    3 4
+   2 7
```

(3)
```
    4 5
+   3 8
```

(4)
```
    4 8
+   1 6
```

(5)
```
    4 4
+   3 9
```

(6)
```
    3 6
+   5 6
```

(7)
```
    4 7
+   2 9
```

(8)
```
    3 1
+   4 7
```

(9)
```
    3 8
+   1 7
─────────
```

(13)
```
    4 6
+   4 4
─────────
```

(10)
```
    4 2
+   3 8
─────────
```

(14)
```
    3 5
+   5 6
─────────
```

(11)
```
    4 9
+   1 6
─────────
```

(15)
```
    3 7
+   5 8
─────────
```

(12)
```
    3 5
+   2 7
─────────
```

(16)
```
    4 8
+   2 9
─────────
```

MC03 받아올림이 있는 (두 자리 수)+(두 자리 수) (3)

● 덧셈을 하세요.

(1)
```
    1 7
+   2 4
```

(5)
```
    3 6
+   4 5
```

(2)
```
    1 6
+   6 7
```

(6)
```
    3 4
+   1 9
```

(3)
```
    2 8
+   5 8
```

(7)
```
    4 4
+   1 8
```

(4)
```
    2 3
+   3 9
```

(8)
```
    4 9
+   4 3
```

(9)
```
    1 8
+   2 6
───────
```

(13)
```
    4 5
+   2 5
───────
```

(10)
```
    3 9
+   5 7
───────
```

(14)
```
    3 7
+   4 4
───────
```

(11)
```
    1 4
+   4 8
───────
```

(15)
```
    2 3
+   6 7
───────
```

(12)
```
    2 8
+   3 5
───────
```

(16)
```
    4 6
+   3 7
───────
```

MC03 받아올림이 있는 (두 자리 수)+(두 자리 수) (3)

● 덧셈을 하세요.

(1)
```
   2 9
 + 3 7
```

(5)
```
   1 9
 + 2 5
```

(2)
```
   3 5
 + 2 8
```

(6)
```
   4 5
 + 2 7
```

(3)
```
   4 4
 + 2 9
```

(7)
```
   2 7
 + 4 6
```

(4)
```
   1 7
 + 1 5
```

(8)
```
   3 8
 + 5 3
```

(9)
```
    1 8
+   2 7
-------
```

(13)
```
    3 8
+   3 7
-------
```

(10)
```
    2 9
+   1 8
-------
```

(14)
```
    4 2
+   1 8
-------
```

(11)
```
    4 5
+   4 4
-------
```

(15)
```
    1 9
+   3 6
-------
```

(12)
```
    3 6
+   5 8
-------
```

(16)
```
    2 5
+   4 7
-------
```

MC03 받아올림이 있는 (두 자리 수)+(두 자리 수) (3)

● 덧셈을 하세요.

(1)
```
    3 5
 +  2 9
```

(5)
```
    2 9
 +  3 2
```

(2)
```
    1 8
 +  5 5
```

(6)
```
    4 7
 +  1 7
```

(3)
```
    4 7
 +  2 8
```

(7)
```
    3 4
 +  4 8
```

(4)
```
    1 6
 +  3 5
```

(8)
```
    2 9
 +  4 9
```

(9)
```
    3 3
+   2 8
───────
```

(13)
```
    2 9
+   5 7
───────
```

(10)
```
    1 6
+   2 7
───────
```

(14)
```
    3 6
+   3 5
───────
```

(11)
```
    2 7
+   3 5
───────
```

(15)
```
    4 6
+   2 8
───────
```

(12)
```
    4 8
+   3 4
───────
```

(16)
```
    1 9
+   7 5
───────
```

MC03 받아올림이 있는 (두 자리 수)+(두 자리 수) (3)

● 덧셈을 하세요.

(1)
```
    1 7
+   6 4
─────────
```

(5)
```
    3 8
+   4 5
─────────
```

(2)
```
    4 3
+   2 8
─────────
```

(6)
```
    2 4
+   3 8
─────────
```

(3)
```
    2 7
+   2 6
─────────
```

(7)
```
    1 5
+   5 9
─────────
```

(4)
```
    3 8
+   3 3
─────────
```

(8)
```
    4 6
+   2 9
─────────
```

18

(9)
```
    2 8
+   1 8
─────────
```

(13)
```
    3 6
+   2 9
─────────
```

(10)
```
    2 3
+   4 6
─────────
```

(14)
```
    1 7
+   5 8
─────────
```

(11)
```
    3 5
+   3 8
─────────
```

(15)
```
    4 9
+   2 5
─────────
```

(12)
```
    4 7
+   2 4
─────────
```

(16)
```
    1 6
+   4 6
─────────
```

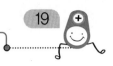

MC03 받아올림이 있는 (두 자리 수)+(두 자리 수) (3)

● 덧셈을 하세요.

(1)
$$\begin{array}{r} 5\ 2 \\ +\ 1\ 8 \\ \hline \end{array}$$

(5)
$$\begin{array}{r} 5\ 8 \\ +\ 1\ 5 \\ \hline \end{array}$$

(2)
$$\begin{array}{r} 5\ 3 \\ +\ 2\ 8 \\ \hline \end{array}$$

(6)
$$\begin{array}{r} 5\ 1 \\ +\ 3\ 9 \\ \hline \end{array}$$

(3)
$$\begin{array}{r} 5\ 5 \\ +\ 2\ 7 \\ \hline \end{array}$$

(7)
$$\begin{array}{r} 5\ 4 \\ +\ 1\ 7 \\ \hline \end{array}$$

(4)
$$\begin{array}{r} 5\ 6 \\ +\ 3\ 6 \\ \hline \end{array}$$

(8)
$$\begin{array}{r} 5\ 6 \\ +\ 2\ 4 \\ \hline \end{array}$$

(9)
```
    5  4
+   2  8
―――――――
```

(13)
```
    5  6
+   2  9
―――――――
```

(10)
```
    5  5
+   1  6
―――――――
```

(14)
```
    5  4
+   1  3
―――――――
```

(11)
```
    5  8
+   3  5
―――――――
```

(15)
```
    5  7
+   2  7
―――――――
```

(12)
```
    5  9
+   2  1
―――――――
```

(16)
```
    5  9
+   3  3
―――――――
```

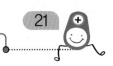

MC03 받아올림이 있는 (두 자리 수)+(두 자리 수) (3)

● 덧셈을 하세요.

(1)
```
    6 3
+   1 7
─────────
```

(5)
```
    6 5
+   1 5
─────────
```

(2)
```
    6 4
+   1 9
─────────
```

(6)
```
    6 6
+   2 5
─────────
```

(3)
```
    6 8
+   2 3
─────────
```

(7)
```
    6 1
+   2 9
─────────
```

(4)
```
    6 2
+   1 9
─────────
```

(8)
```
    6 7
+   2 6
─────────
```

(9)
```
   6 4
 + 1 5
```

(13)
```
   6 2
 + 2 9
```

(10)
```
   6 7
 + 2 5
```

(14)
```
   6 5
 + 1 6
```

(11)
```
   6 7
 + 1 7
```

(15)
```
   6 8
 + 1 8
```

(12)
```
   6 9
 + 2 6
```

(16)
```
   6 6
 + 2 4
```

MC03 받아올림이 있는 (두 자리 수)+(두 자리 수) (3)

● 덧셈을 하세요.

(1)
```
    5 4
+   1 8
─────────
```

(2)
```
    5 2
+   2 9
─────────
```

(3)
```
    5 7
+   1 5
─────────
```

(4)
```
    6 2
+   2 8
─────────
```

(5)
```
    5 5
+   3 7
─────────
```

(6)
```
    6 9
+   1 8
─────────
```

(7)
```
    6 3
+   2 7
─────────
```

(8)
```
    6 5
+   2 9
─────────
```

(9)
```
    5 8
+   2 6
———————
```

(13)
```
    6 7
+   1 8
———————
```

(10)
```
    6 7
+   1 3
———————
```

(14)
```
    5 5
+   2 5
———————
```

(11)
```
    6 9
+   2 4
———————
```

(15)
```
    5 7
+   1 4
———————
```

(12)
```
    5 3
+   1 9
———————
```

(16)
```
    6 6
+   2 7
———————
```

MC03 받아올림이 있는 (두 자리 수)+(두 자리 수) (3)

● 덧셈을 하세요.

(1)
```
    5 8
  + 1 8
```

(5)
```
    5 7
  + 1 6
```

(2)
```
    5 8
  + 2 5
```

(6)
```
    6 9
  + 2 3
```

(3)
```
    6 3
  + 1 9
```

(7)
```
    5 6
  + 3 3
```

(4)
```
    6 5
  + 2 7
```

(8)
```
    6 9
  + 1 9
```

(9)
```
  6 4
+ 1 7
─────
```

(13)
```
  7 6
+ 1 5
─────
```

(10)
```
  5 7
+ 3 5
─────
```

(14)
```
  7 5
+ 1 9
─────
```

(11)
```
  6 6
+ 1 6
─────
```

(15)
```
  7 7
+ 1 6
─────
```

(12)
```
  5 5
+ 2 8
─────
```

(16)
```
  7 8
+ 1 9
─────
```

MC03 받아올림이 있는 (두 자리 수)+(두 자리 수) (3)

● 덧셈을 하세요.

(1)
```
    7 5
 +  1 6
```

(5)
```
    7 7
 +  1 5
```

(2)
```
    7 6
 +  1 8
```

(6)
```
    7 4
 +  1 7
```

(3)
```
    7 8
 +  1 4
```

(7)
```
    7 3
 +  1 8
```

(4)
```
    7 2
 +  1 8
```

(8)
```
    7 1
 +  1 9
```

(9)

```
    7  2
+   1  6
─────────
```

(13)

```
    7  3
+   1  9
─────────
```

(10)

```
    7  5
+   1  7
─────────
```

(14)

```
    7  8
+   1  5
─────────
```

(11)

```
    7  8
+   1  8
─────────
```

(15)

```
    7  6
+   1  6
─────────
```

(12)

```
    7  9
+   1  9
─────────
```

(16)

```
    7  7
+   1  8
─────────
```

MC03 받아올림이 있는 (두 자리 수)+(두 자리 수) (3)

● 덧셈을 하세요.

(1)
```
    5 4
  + 1 6
  ─────
```

(5)
```
    6 3
  + 2 9
  ─────
```

(2)
```
    5 6
  + 2 8
  ─────
```

(6)
```
    6 9
  + 2 7
  ─────
```

(3)
```
    5 7
  + 3 7
  ─────
```

(7)
```
    7 8
  + 1 3
  ─────
```

(4)
```
    6 8
  + 1 5
  ─────
```

(8)
```
    7 4
  + 1 9
  ─────
```

(9)
```
    5  9
 +  2  2
 ─────────
```

(13)
```
    6  6
 +  1  9
 ─────────
```

(10)
```
    5  6
 +  1  7
 ─────────
```

(14)
```
    7  7
 +  1  7
 ─────────
```

(11)
```
    6  5
 +  1  8
 ─────────
```

(15)
```
    7  4
 +  1  8
 ─────────
```

(12)
```
    6  4
 +  2  9
 ─────────
```

(16)
```
    7  9
 +  1  6
 ─────────
```

MC03 받아올림이 있는 (두 자리 수)+(두 자리 수) (3)

● 덧셈을 하세요.

(1)
```
   6 8
+  1 6
───────
```

(5)
```
   5 9
+  3 7
───────
```

(2)
```
   5 7
+  2 6
───────
```

(6)
```
   6 6
+  2 6
───────
```

(3)
```
   7 2
+  1 9
───────
```

(7)
```
   7 6
+  1 4
───────
```

(4)
```
   6 3
+  1 8
───────
```

(8)
```
   7 6
+  1 7
───────
```

(9)

```
    7  7
+   1  4
─────────
```

(13)

```
    5  3
+   1  6
─────────
```

(10)

```
    6  7
+   1  9
─────────
```

(14)

```
    7  5
+   1  8
─────────
```

(11)

```
    5  9
+   2  5
─────────
```

(15)

```
    6  6
+   2  9
─────────
```

(12)

```
    6  7
+   2  8
─────────
```

(16)

```
    7  9
+   1  3
─────────
```

MC03 받아올림이 있는 (두 자리 수) + (두 자리 수) (3)

● 덧셈을 하세요.

(1)
```
    5 4
  + 3 8
```

(5)
```
    6 2
  + 1 8
```

(2)
```
    6 4
  + 2 7
```

(6)
```
    7 9
  + 1 8
```

(3)
```
    7 6
  + 1 9
```

(7)
```
    5 5
  + 3 6
```

(4)
```
    5 8
  + 2 7
```

(8)
```
    6 7
  + 2 4
```

(9)
```
    6 6
+   1 7
───────
```

(13)
```
    7 8
+   1 7
───────
```

(10)
```
    7 9
+   1 4
───────
```

(14)
```
    5 4
+   2 7
───────
```

(11)
```
    5 7
+   2 9
───────
```

(15)
```
    6 3
+   2 8
───────
```

(12)
```
    6 5
+   2 6
───────
```

(16)
```
    7 5
+   1 5
───────
```

MC03 받아올림이 있는 (두 자리 수)+(두 자리 수) (3)

● 덧셈을 하세요.

(1)
```
    1 5
+   7 9
─────────
```

(5)
```
    5 5
+   2 6
─────────
```

(2)
```
    2 7
+   4 7
─────────
```

(6)
```
    2 9
+   6 4
─────────
```

(3)
```
    3 8
+   2 8
─────────
```

(7)
```
    4 1
+   4 9
─────────
```

(4)
```
    4 6
+   3 8
─────────
```

(8)
```
    3 6
+   5 9
─────────
```

(9)
```
    2 7
  + 5 7
  -----
```

(13)
```
    5 3
  + 1 8
  -----
```

(10)
```
    3 9
  + 1 7
  -----
```

(14)
```
    4 4
  + 3 9
  -----
```

(11)
```
    3 7
  + 2 8
  -----
```

(15)
```
    1 7
  + 5 5
  -----
```

(12)
```
    4 6
  + 4 1
  -----
```

(16)
```
    2 9
  + 6 7
  -----
```

MC03 받아올림이 있는 (두 자리 수)+(두 자리 수) (3)

● 덧셈을 하세요.

(1)
```
    3 6
  + 2 5
```

(5)
```
    2 8
  + 2 6
```

(2)
```
    6 8
  + 1 7
```

(6)
```
    1 9
  + 4 7
```

(3)
```
    4 3
  + 2 9
```

(7)
```
    3 3
  + 4 8
```

(4)
```
    5 9
  + 3 8
```

(8)
```
    6 5
  + 1 7
```

(9)
```
    1 8
+   2 9
─────────
```

(13)
```
    2 8
+   6 5
─────────
```

(10)
```
    6 7
+   1 5
─────────
```

(14)
```
    5 6
+   2 7
─────────
```

(11)
```
    4 9
+   2 6
─────────
```

(15)
```
    6 8
+   2 6
─────────
```

(12)
```
    3 6
+   1 8
─────────
```

(16)
```
    5 9
+   1 1
─────────
```

MC03 받아올림이 있는 (두 자리 수)+(두 자리 수) (3)

● 덧셈을 하세요.

(1)
```
    5 6
+   1 8
```

(5)
```
    1 5
+   4 6
```

(2)
```
    5 9
+   2 6
```

(6)
```
    2 4
+   2 9
```

(3)
```
    4 1
+   3 8
```

(7)
```
    7 9
+   1 7
```

(4)
```
    3 8
+   5 7
```

(8)
```
    6 9
+   2 5
```

(9)
```
    3 5
  + 3 7
  ─────
```

(13)
```
    2 1
  + 6 9
  ─────
```

(10)
```
    4 2
  + 3 9
  ─────
```

(14)
```
    6 4
  + 1 8
  ─────
```

(11)
```
    5 8
  + 3 5
  ─────
```

(15)
```
    6 8
  + 2 8
  ─────
```

(12)
```
    1 6
  + 6 8
  ─────
```

(16)
```
    7 7
  + 1 9
  ─────
```

MC 단계 3 권

받아올림이 있는
(두 자리 수)+(두 자리 수) (4)

4주차

요일	교재 번호	학습한 날짜		확인
1일차(월)	01~08	월	일	
2일차(화)	09~16	월	일	
3일차(수)	17~24	월	일	
4일차(목)	25~32	월	일	
5일차(금)	33~40	월	일	

● 덧셈을 하세요.

(1)
```
    1 5
+   1 7
```

(5)
```
    4 2
+   3 8
```

(2)
```
    2 4
+   1 9
```

(6)
```
    5 1
+   1 9
```

(3)
```
    3 3
+   2 8
```

(7)
```
    6 7
+   2 7
```

(4)
```
    4 6
+   3 5
```

(8)
```
    7 8
+   1 4
```

(9)
```
    1  8
 +  2  5
 --------
```

(13)
```
    4  4
 +  2  6
 --------
```

(10)
```
    2  6
 +  4  8
 --------
```

(14)
```
    5  8
 +  2  7
 --------
```

(11)
```
    3  3
 +  1  6
 --------
```

(15)
```
    6  5
 +  2  5
 --------
```

(12)
```
    3  6
 +  3  8
 --------
```

(16)
```
    7  3
 +  1  9
 --------
```

MC04 받아올림이 있는 (두 자리 수)+(두 자리 수) (4)

● 덧셈을 하세요.

(1)
```
    1 4
+   4 8
─────────
```

(5)
```
    4 5
+   3 8
─────────
```

(2)
```
    1 9
+   3 5
─────────
```

(6)
```
    5 3
+   3 7
─────────
```

(3)
```
    2 3
+   6 9
─────────
```

(7)
```
    6 4
+   1 9
─────────
```

(4)
```
    3 6
+   4 6
─────────
```

(8)
```
    7 8
+   1 8
─────────
```

(9)

```
    1 6
+   7 6
─────────
```

(13)

```
    5 9
+   2 4
─────────
```

(10)

```
    6 8
+   2 7
─────────
```

(14)

```
    6 3
+   1 8
─────────
```

(11)

```
    3 3
+   2 6
─────────
```

(15)

```
    2 7
+   5 9
─────────
```

(12)

```
    7 5
+   1 7
─────────
```

(16)

```
    4 2
+   1 9
─────────
```

● 덧셈을 하세요.

(1)
```
    3 6
+   2 8
───────
```

(2)
```
    1 4
+   5 9
───────
```

(3)
```
    5 8
+   1 7
───────
```

(4)
```
    7 1
+   1 9
───────
```

(5)
```
    2 5
+   4 6
───────
```

(6)
```
    6 2
+   2 9
───────
```

(7)
```
    4 9
+   2 5
───────
```

(8)
```
    5 4
+   2 8
───────
```

(9)

```
    7 3
+   1 8
────────
```

(13)

```
    4 7
+   3 5
────────
```

(10)

```
    6 9
+   2 7
────────
```

(14)

```
    2 9
+   2 8
────────
```

(11)

```
    1 5
+   6 8
────────
```

(15)

```
    5 5
+   2 7
────────
```

(12)

```
    3 7
+   1 7
────────
```

(16)

```
    7 6
+   1 9
────────
```

MC04 받아올림이 있는 (두 자리 수)+(두 자리 수) (4)

● 덧셈을 하세요.

(1)
```
    5 7
+   1 4
─────────
```

(5)
```
    2 2
+   1 8
─────────
```

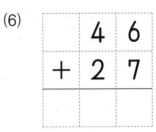

(2)
```
    3 8
+   4 9
─────────
```

(6)
```
    4 6
+   2 7
─────────
```

(3)
```
    1 7
+   6 3
─────────
```

(7)
```
    7 4
+   1 8
─────────
```

(4)
```
    6 5
+   1 6
─────────
```

(8)
```
    3 9
+   2 4
─────────
```

(9)
```
    4 6
+   3 4
―――――
```

(13)
```
    1 8
+   1 5
―――――
```

(10)
```
    2 6
+   3 8
―――――
```

(14)
```
    4 5
+   3 9
―――――
```

(11)
```
    3 5
+   2 7
―――――
```

(15)
```
    6 1
+   1 8
―――――
```

(12)
```
    7 7
+   1 8
―――――
```

(16)
```
    5 9
+   2 5
―――――
```

MC04 받아올림이 있는 (두 자리 수)+(두 자리 수) (4)

● 덧셈을 하세요.

(1)
```
    2 3
+   3 9
─────────
```

(5)
```
    1 7
+   4 5
─────────
```

(2)
```
    3 6
+   2 7
─────────
```

(6)
```
    4 2
+   4 9
─────────
```

(3)
```
    1 4
+   7 6
─────────
```

(7)
```
    6 4
+   1 8
─────────
```

(4)
```
    5 6
+   2 5
─────────
```

(8)
```
    7 3
+   1 7
─────────
```

(9)
```
    6 7
+   2 6
───────
```

(13)
```
    2 6
+   1 7
───────
```

(10)
```
    5 2
+   1 9
───────
```

(14)
```
    7 5
+   1 6
───────
```

(11)
```
    4 8
+   3 6
───────
```

(15)
```
    3 1
+   4 9
───────
```

(12)
```
    1 9
+   3 7
───────
```

(16)
```
    6 4
+   2 8
───────
```

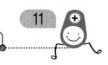

MC04 받아올림이 있는 (두 자리 수)+(두 자리 수) (4)

● 덧셈을 하세요.

(1)
```
    6 5
+   2 6
```

(5)
```
    3 9
+   1 5
```

(2)
```
    1 8
+   2 7
```

(6)
```
    4 6
+   1 6
```

(3)
```
    2 7
+   5 5
```

(7)
```
    5 3
+   3 8
```

(4)
```
    7 4
+   1 9
```

(8)
```
    2 5
+   2 8
```

(9)
```
    7 6
  + 1 8
  ─────
```

(13)
```
    1 7
  + 7 5
  ─────
```

(10)
```
    2 6
  + 2 9
  ─────
```

(14)
```
    4 4
  + 2 7
  ─────
```

(11)
```
    4 8
  + 1 5
  ─────
```

(15)
```
    5 6
  + 2 8
  ─────
```

(12)
```
    3 5
  + 4 2
  ─────
```

(16)
```
    6 9
  + 1 6
  ─────
```

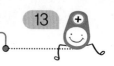

MC04 받아올림이 있는 (두 자리 수)+(두 자리 수) (4)

● 덧셈을 하세요.

(1)
```
    5 9
+   3 7
─────────
```

(5)
```
    3 7
+   1 5
─────────
```

(2)
```
    3 4
+   4 8
─────────
```

(6)
```
    2 8
+   6 8
─────────
```

(3)
```
    1 5
+   3 6
─────────
```

(7)
```
    7 7
+   1 4
─────────
```

(4)
```
    2 9
+   1 7
─────────
```

(8)
```
    6 2
+   2 8
─────────
```

(9)

```
    4 5
+   2 6
─────────
```

(13)

```
    7 5
+   1 8
─────────
```

(10)

```
    6 6
+   1 8
─────────
```

(14)

```
    5 3
+   2 9
─────────
```

(11)

```
    3 8
+   2 7
─────────
```

(15)

```
    2 4
+   4 8
─────────
```

(12)

```
    1 6
+   6 4
─────────
```

(16)

```
    5 7
+   2 7
─────────
```

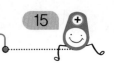

MC04 받아올림이 있는 (두 자리 수)+(두 자리 수) (4)

● |보기|와 같이 틀린 답을 바르게 고치세요.

┌─ 보기 ─────────────────────────────┐

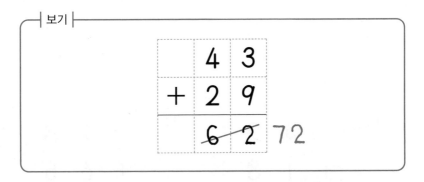

	4	3
+	2	9
	~~6~~	~~2~~ 7 2

└──────────────────────────────────┘

(1)

	3	6
+	2	8
	5	4

(3)

	4	5
+	3	5
	7	0

(2)

	1	9
+	5	5
	6	4

(4)

	7	7
+	1	8
	8	5

> **Talk** 받아올림이 있는 두 자리 수끼리의 덧셈을 세로셈으로 계산할 때 잘 틀리는 오류는 받아올림을 하지 않고 계산하는 경우, 일의 자리 수끼리의 합을 그대로 답에 적는 경우입니다.

16

(5)
```
    3 9
  + 3 7
  6 1 6
```

(9)
```
    2 4
  + 6 8
    8 3
```

(6)
```
    4 2
  + 1 8
  5 1 0
```

(10)
```
    1 8
  + 6 5
    8 4
```

(7)
```
    6 7
  + 2 5
  8 1 2
```

(11)
```
    5 6
  + 1 9
    6 5
```

(8)
```
    7 6
  + 1 5
    9 2
```

(12)
```
    5 6
  + 2 9
    7 5
```

MC04 받아올림이 있는 (두 자리 수)+(두 자리 수) (4)

● 덧셈을 하세요.

(1)
```
    4 3
+   2 7
───────
```

(5)
```
    2 9
+   4 3
───────
```

(2)
```
    1 5
+   5 9
───────
```

(6)
```
    5 2
+   3 8
───────
```

(3)
```
    3 6
+   2 4
───────
```

(7)
```
    6 7
+   1 7
───────
```

(4)
```
    7 8
+   1 9
───────
```

(8)
```
    2 8
+   5 5
───────
```

(9)

```
   1 6
+  1 4
───────

```

(13)

```
   3 3
+  1 4
───────

```

(10)

```
   2 9
+  1 2
───────

```

(14)

```
   4 6
+  2 8
───────

```

(11)

```
   2 7
+  1 3
───────

```

(15)

```
   6 4
+  1 7
───────

```

(12)

```
   4 6
+  2 5
───────

```

(16)

```
   5 8
+  2 4
───────

```

MC04 받아올림이 있는 (두 자리 수)+(두 자리 수) (4)

● 덧셈을 하세요.

(1)
```
    1 7
+   1 5
─────────
```

(4)
```
    1 7
+ □ □
─────────
    3 2
```

(2)
```
    1 8
+   1 6
─────────
```

(5)
```
    1 8
+ □ □
─────────
    3 4
```

(3)
```
    2 3
+   1 9
─────────
```

(6)
```
    2 3
+ □ □
─────────
    4 2
```

(7)

```
    1  5
+   1  5
─────────
```

(11)

```
    1  5
+  □  □
─────────
    3  0
```

(8)

```
    2  7
+   1  6
─────────
```

(12)

```
    2  7
+  □  □
─────────
    4  3
```

(9)

```
    1  4
+   2  8
─────────
```

(13)

```
    1  4
+  □  □
─────────
    4  2
```

(10)

```
    2  9
+   2  5
─────────
```

(14)

```
    2  9
+  □  □
─────────
    5  4
```

MC04 받아올림이 있는 (두 자리 수)+(두 자리 수) (4)

● 덧셈을 하세요.

(1)
```
    3 3
 +  1 8
 ───────
```

(4)
```
    3 3
 +  □ □
 ───────
    5 1
```

(2)
```
    3 4
 +  2 9
 ───────
```

(5)
```
    3 4
 +  □ □
 ───────
    6 3
```

(3)
```
    4 7
 +  1 5
 ───────
```

(6)
```
    4 7
 +  □ □
 ───────
    6 2
```

(7)

```
    3 8
+   2 7
─────────
```

(11)

```
    3 8
+ □ □
─────────
    6 5
```

(8)

```
    4 2
+   3 8
─────────
```

(12)

```
    4 2
+ □ □
─────────
    8 0
```

(9)

```
    3 5
+   4 9
─────────
```

(13)

```
    3 5
+ □ □
─────────
    8 4
```

(10)

```
    4 9
+   4 7
─────────
```

(14)

```
    4 9
+ □ □
─────────
    9 6
```

MC04 받아올림이 있는 (두 자리 수)+(두 자리 수) (4)

● 덧셈을 하세요.

(1)
```
   1 6
 + 7 4
 ─────
```

(4)
```
   1 6
 + □ □
 ─────
   9 0
```

(2)
```
   2 5
 + 4 8
 ─────
```

(5)
```
   3 9
 + □ □
 ─────
   7 6
```

(3)
```
   3 9
 + 3 7
 ─────
```

(6)
```
   2 5
 + □ □
 ─────
   7 3
```

(7)
```
    2 4
  + 2 7
  -----
```

(11)
```
    4 6
  + □ □
  -----
    7 4
```

(8)
```
    3 7
  + 5 6
  -----
```

(12)
```
    1 2
  + □ □
  -----
    8 1
```

(9)
```
    1 2
  + 6 9
  -----
```

(13)
```
    3 7
  + □ □
  -----
    9 3
```

(10)
```
    4 6
  + 2 8
  -----
```

(14)
```
    2 4
  + □ □
  -----
    5 1
```

MC04 받아올림이 있는 (두 자리 수)+(두 자리 수) (4)

● 덧셈을 하세요.

(1)
```
    1 9
+   4 3
-------

```

(4)
```
    3 5
+ □ □
-------
    6 3
```

(2)
```
    3 5
+   2 8
-------

```

(5)
```
    4 7
+ □ □
-------
    8 3
```

(3)
```
    4 7
+   3 6
-------

```

(6)
```
    1 9
+ □ □
-------
    6 2
```

(7)
```
    2 4
+   4 9
─────────
```

(11)
```
    6 9
+ □ □
─────────
    8 1
```

(8)
```
    4 6
+   1 7
─────────
```

(12)
```
    5 2
+ □ □
─────────
    7 0
```

(9)
```
    5 2
+   1 8
─────────
```

(13)
```
    4 6
+ □ □
─────────
    6 3
```

(10)
```
    6 9
+   1 2
─────────
```

(14)
```
    2 4
+ □ □
─────────
    7 3
```

MC04 받아올림이 있는 (두 자리 수)+(두 자리 수) (4)

● 덧셈을 하세요.

(1)
```
    5 8
  + 1 5
  -----
```

(4)
```
    6 3
  + □ □
  -----
    8 0
```

(2)
```
    5 9
  + 2 6
  -----
```

(5)
```
    5 8
  + □ □
  -----
    7 3
```

(3)
```
    6 3
  + 1 7
  -----
```

(6)
```
    5 9
  + □ □
  -----
    8 5
```

(7)
```
    5 2
+   2 9
───────
```

(11)
```
    5 7
+ □ □
───────
    9 2
```

(8)
```
    6 5
+   1 8
───────
```

(12)
```
    6 9
+ □ □
───────
    9 6
```

(9)
```
    5 7
+   3 5
───────
```

(13)
```
    5 2
+ □ □
───────
    8 1
```

(10)
```
    6 9
+   2 7
───────
```

(14)
```
    6 5
+ □ □
───────
    8 3
```

MC04 받아올림이 있는 (두 자리 수)+(두 자리 수) (4)

● 덧셈을 하세요.

(1)
$$\begin{array}{r} 6\ 3 \\ +\ 2\ 8 \\ \hline \end{array}$$

(4)
$$\begin{array}{r} 7\ 6 \\ +\ \square\ \square \\ \hline 9\ 3 \end{array}$$

(2)
$$\begin{array}{r} 5\ 4 \\ +\ 1\ 8 \\ \hline \end{array}$$

(5)
$$\begin{array}{r} 5\ 4 \\ +\ \square\ \square \\ \hline 7\ 2 \end{array}$$

(3)
$$\begin{array}{r} 7\ 6 \\ +\ 1\ 7 \\ \hline \end{array}$$

(6)
$$\begin{array}{r} 6\ 3 \\ +\ \square\ \square \\ \hline 9\ 1 \end{array}$$

(7)
```
    5 7
+   2 7
───────
```

(11)
```
    7 4
+ □ □
───────
    9 2
```

(8)
```
    6 8
+   2 6
───────
```

(12)
```
    6 8
+ □ □
───────
    9 4
```

(9)
```
    7 4
+   1 8
───────
```

(13)
```
    7 1
+ □ □
───────
    9 0
```

(10)
```
    7 1
+   1 9
───────
```

(14)
```
    5 7
+ □ □
───────
    8 4
```

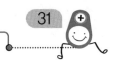

MC04 받아올림이 있는 (두 자리 수)+(두 자리 수) (4)

● 덧셈을 하세요.

(1)
```
    1 4
+   3 9
─────────
```

(4)
```
    3 8
+ □ □
─────────
    6 4
```

(2)
```
    2 3
+   5 7
─────────
```

(5)
```
    2 3
+ □ □
─────────
    8 0
```

(3)
```
    1 5
+ □ □
─────────
    4 2
```

(6)
```
    1 4
+ □ □
─────────
    5 3
```

(7)

```
    4 7
+   3 8
─────────
```

(11)

```
    7 5
+   □ □
─────────
    9 2
```

(8)

```
    5 6
+   1 8
─────────
```

(12)

```
    6 2
+   □ □
─────────
    9 1
```

(9)

```
    6 2
+   2 9
─────────
```

(13)

```
    5 6
+   □ □
─────────
    7 4
```

(10)

```
    4 9
+   □ □
─────────
    6 0
```

(14)

```
    4 7
+   □ □
─────────
    8 5
```

MC04 받아올림이 있는 (두 자리 수) + (두 자리 수) (4)

● 덧셈을 하세요.

(1)

	1	9
+	5	3

(4)

	2	6
+	□	□
	8	3

(2)

	2	6
+	5	7

(5)

	3	4
+	□	□
	6	2

(3)

	2	5
+	□	□
	6	0

(6)

	1	9
+	□	□
	7	2

(7)

```
    4 5
  + 3 9
  -------
```

(11)

```
    7 9
  + □ □
  -------
    9 0
```

(8)

```
    5 8
  + 3 6
  -------
```

(12)

```
    6 7
  + □ □
  -------
    8 5
```

(9)

```
    6 7
  + 1 8
  -------
```

(13)

```
    4 5
  + □ □
  -------
    8 4
```

(10)

```
    5 9
  + □ □
  -------
    7 3
```

(14)

```
    5 8
  + □ □
  -------
    9 4
```

MC04 받아올림이 있는 (두 자리 수)+(두 자리 수) (4)

● 덧셈을 하세요.

(1)
```
    5 3
  +  1 9
  -------
```

(4)
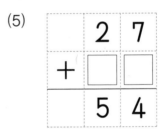
```
    3 8
  + □ □
  -------
    8 3
```

(2)
```
    3 8
  + 4 5
  -------
```

(5)
```
    2 7
  + □ □
  -------
    5 4
```

(3)
```
    4 6
  + □ □
  -------
    7 2
```

(6)
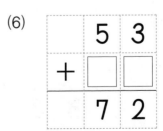
```
    5 3
  + □ □
  -------
    7 2
```

(7)

```
    1 6
  + 6 7
  ─────
```

(11)

```
    3 9
  + □ □
  ─────
    6 5
```

(8)

```
    4 5
  + 3 7
  ─────
```

(12)

```
    7 5
  + □ □
  ─────
    9 4
```

(9)

```
    6 8
  + □ □
  ─────
    9 1
```

(13)

```
    2 7
  + □ □
  ─────
    5 5
```

(10)

```
    1 6
  + □ □
  ─────
    8 3
```

(14)

```
    4 5
  + □ □
  ─────
    8 2
```

MC04 받아올림이 있는 (두 자리 수)+(두 자리 수) (4)

● 덧셈을 하세요.

(1)
$$\begin{array}{r} 4\ 6 \\ +\ 2\ 8 \\ \hline \end{array}$$

(4)
$$\begin{array}{r} 7\ 7 \\ +\ \square\ \square \\ \hline 9\ 2 \end{array}$$

(2)
$$\begin{array}{r} 7\ 7 \\ +\ 1\ 5 \\ \hline \end{array}$$

(5)
$$\begin{array}{r} 4\ 6 \\ +\ \square\ \square \\ \hline 7\ 4 \end{array}$$

(3)
$$\begin{array}{r} 3\ 4 \\ +\ \square\ \square \\ \hline 6\ 3 \end{array}$$

(6)
$$\begin{array}{r} 5\ 9 \\ +\ \square\ \square \\ \hline 8\ 4 \end{array}$$

(7)
```
    6 5
  + 2 5
  ─────
```

(11)
```
    3 8
  + □ □
  ─────
    8 4
```

(8)
```
    1 8
  + 4 7
  ─────
```

(12)
```
    6 5
  + □ □
  ─────
    9 0
```

(9)
```
    2 3
  + □ □
  ─────
    5 2
```

(13)
```
    1 8
  + □ □
  ─────
    6 5
```

(10)
```
    7 2
  + □ □
  ─────
    9 1
```

(14)
```
    5 6
  + □ □
  ─────
    7 3
```

MC04 받아올림이 있는 (두 자리 수)+(두 자리 수) (4)

● 덧셈을 하세요.

(1)
```
    2 7
  + 5 4
  ─────
```

(2)
```
    5 4
  + 2 9
  ─────
```

(3)
```
    4 6
  + □ □
  ─────
    9 1
```

(4)
```
    5 4
  + □ □
  ─────
    8 3
```

(5)
```
    1 4
  + □ □
  ─────
    9 2
```

(6)
```
    2 7
  + □ □
  ─────
    8 1
```

(7)

```
    3 6
+   4 6
─────────
```

(11)

```
    6 7
+ □ □
─────────
    9 2
```

(8)

```
    5 2
+   1 9
─────────
```

(12)

```
    4 8
+ □ □
─────────
    6 5
```

(9)

```
    1 9
+ □ □
─────────
    5 4
```

(13)

```
    3 6
+ □ □
─────────
    8 2
```

(10)

```
    7 3
+ □ □
─────────
    9 1
```

(14)

```
    5 2
+ □ □
─────────
    7 1
```

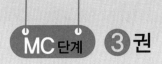

학교 연산 대비하자

연산 UP

● 덧셈을 하시오.

(1)
```
  1 5
+ 1 9
─────
```

(5)
```
  6 2
+ 1 8
─────
```

(2)
```
  2 6
+ 3 6
─────
```

(6)
```
  3 8
+ 5 9
─────
```

(3)
```
  3 7
+ 1 3
─────
```

(7)
```
  4 9
+ 3 2
─────
```

(4)
```
  4 8
+ 2 5
─────
```

(8)
```
  7 5
+ 1 7
─────
```

(9)
```
    1 6
+   2 7
─────────
```

(13)
```
    3 4
+   5 9
─────────
```

(10)
```
    3 2
+   2 9
─────────
```

(14)
```
    2 6
+   2 7
─────────
```

(11)
```
    2 4
+   4 8
─────────
```

(15)
```
    4 5
+   1 5
─────────
```

(12)
```
    5 1
+   1 9
─────────
```

(16)
```
    1 8
+   7 8
─────────
```

연산 UP 　　　　　　　　　　　　　　　　3

● 덧셈을 하시오.

(1)
```
    1 9
+   2 5
─────────
```

(5)
```
    2 5
+   3 6
─────────
```

(2)
```
    3 4
+   3 6
─────────
```

(6)
```
    3 7
+   1 6
─────────
```

(3)
```
    1 7
+   1 7
─────────
```

(7)
```
    4 8
+   4 7
─────────
```

(4)
```
    4 5
+   2 8
─────────
```

(8)
```
    5 7
+   3 4
─────────
```

(9)
```
    2 8
+   1 9
―――――
```

(13)
```
    1 4
+   6 8
―――――
```

(10)
```
    1 7
+   5 5
―――――
```

(14)
```
    7 8
+   1 8
―――――
```

(11)
```
    4 6
+   2 8
―――――
```

(15)
```
    3 5
+   2 5
―――――
```

(12)
```
    5 9
+   2 2
―――――
```

(16)
```
    4 4
+   4 9
―――――
```

연산 UP

● □ 안에 알맞은 수를 써넣으시오.

(1)
```
    1 5
+   □ □
    4 0
```

(2)
```
    1 7
+   □ □
    3 2
```

(3)
```
    2 6
+   □ □
    5 0
```

(4)
```
    2 9
+   □ □
    4 5
```

(5)
```
    3 8
+   □ □
    5 6
```

(6)
```
    2 1
+   □ □
    6 0
```

(7)
```
    3 5
+   □ □
    7 2
```

(8)
```
    4 3
+   □ □
    8 0
```

(7)

```
    2 8
+ □ □
─────
    4 0
```

(11)

```
    1 9
+ □ □
─────
    5 7
```

(8)

```
    5 6
+ □ □
─────
    7 1
```

(12)

```
    3 4
+ □ □
─────
    6 1
```

(9)

```
    2 9
+ □ □
─────
    5 4
```

(13)

```
    5 7
+ □ □
─────
    8 3
```

(10)

```
    4 6
+ □ □
─────
    6 2
```

(14)

```
    3 8
+ □ □
─────
    7 5
```

연산 UP

● 빈 곳에 알맞은 수를 써넣으시오.

(1)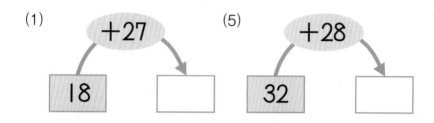

(2)

(3)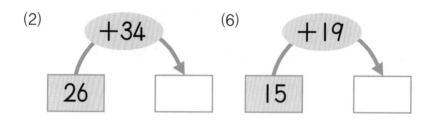

(4)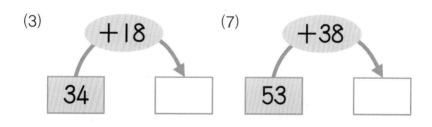

(9)

+45

19 → ☐

(13)

+29

21 → ☐

(10)

+28

47 → ☐

(14)

+24

39 → ☐

(11)

+16

26 → ☐

(15)

+29

62 → ☐

(12)

+28

55 → ☐

(16)

+12

78 → ☐

● 두 수의 합을 빈 곳에 써넣으시오.

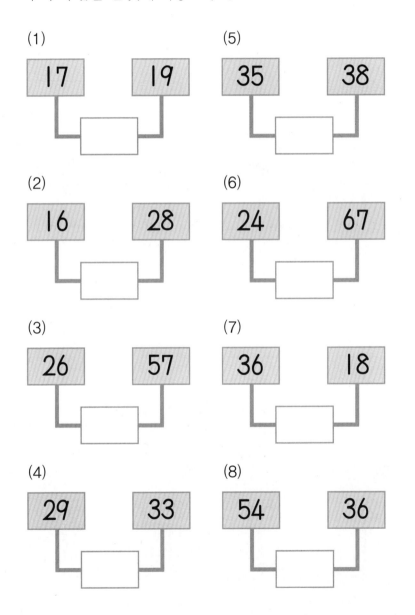

(1)

| 17 | | 19 |

(5)

| 35 | | 38 |

(2)

| 16 | | 28 |

(6)

| 24 | | 67 |

(3)

| 26 | | 57 |

(7)

| 36 | | 18 |

(4)

| 29 | | 33 |

(8)

| 54 | | 36 |

(9)

```
  28        24
      ┌──┐
```

(13)

```
  18        68
      ┌──┐
```

(10)

```
  32        49
      ┌──┐
```

(14)

```
  27        43
      ┌──┐
```

(11)

```
  45        16
      ┌──┐
```

(15)

```
  43        48
      ┌──┐
```

(12)

```
  29        53
      ┌──┐
```

(16)

```
  39        59
      ┌──┐
```

● 빈 곳에 알맞은 수를 써넣으시오.

(1)

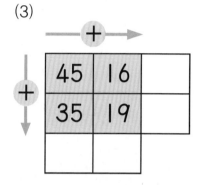

(3)

(2)

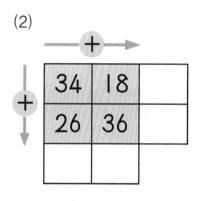

(4)

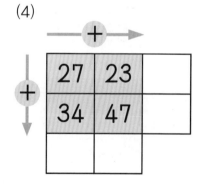

(5)

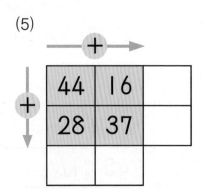

(7)

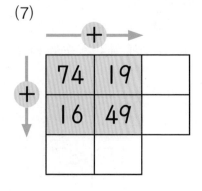

(6)

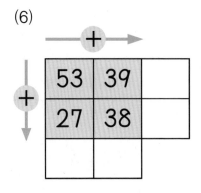

(8)

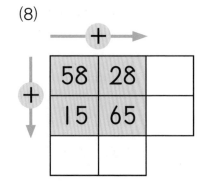

● 다음을 읽고 물음에 답하시오.

(1) 은지는 동화책을 아침에 14쪽, 저녁에 16쪽 읽었습
니다. 은지가 아침과 저녁에 읽은 동화책은 모두 몇
쪽입니까?

(   )

(2) 재석이는 구슬을 25개 가지고 있습니다. 명수는 재
석이보다 15개 더 많이 가지고 있습니다. 명수가 가
지고 있는 구슬은 모두 몇 개입니까?

(   )

(3) 경수네 반 남학생은 15명이고, 여학생은 18명입니
다. 경수네 반 학생은 모두 몇 명입니까?

(   )

(4) 바닷가에서 조개 껍데기를 현수는 17개를 줍고, 찬
호는 경수보다 14개를 더 주웠습니다. 찬호가 주운
조개 껍데기는 모두 몇 개입니까?

(   )

(5) 혜수는 스티커를 32장 모았고, 수현이는 18장 모았
습니다. 두 사람이 모은 스티커는 모두 몇 장입니까?

(   )

(6) 소민이는 카드를 27장 가지고 있고, 준혁이는 소민
이보다 카드를 16장 더 많이 가지고 있습니다. 준혁
이가 가지고 있는 카드는 모두 몇 장입니까?

(   )

● 다음을 읽고 물음에 답하시오.

(1) 공원에 참새가 **36**마리, 비둘기가 **19**마리 있습니다.
공원에 참새와 비둘기는 모두 몇 마리 있습니까?

(   )

(2) 지영이와 수호는 밤을 주웠습니다. 지영이는 **34**개,
수호는 **28**개 주웠다면, 두 사람이 주운 밤은 모두
몇 개입니까?

(   )

(3) 은수네 농장에서는 돼지를 **25**마리, 오리를 **18**마리
기르고 있습니다. 은수네 농장에서 기르고 있는 돼
지와 오리는 모두 몇 마리입니까?

(   )

(4) 나영이의 몸무게는 **36** kg이고, 아버지의 몸무게는 나영이의 몸무게보다 **35** kg 더 무겁습니다. 아버지의 몸무게는 몇 kg입니까?

( )

(5) 과일 가게에 사과 상자가 **29**상자, 배 상자가 **49**상자 있습니다. 과일 가게에 있는 사과와 배는 모두 몇 상자입니까?

( )

(6) 준호와 세호는 산에 가서 밤을 주웠습니다. 준호는 **37**개, 세호는 **59**개 주웠습니다. 두 사람이 주운 밤은 모두 몇 개입니까?

( )

정 답

1	2	3	4	5	6	7	8
1) 22	(5) 42	(1) 32	(5) 34	(1) 42	(1) 44	(1) 60	(5) 51
2) 34	(6) 51	(2) 40	(6) 43	(2) 51	(2) 52	(2) 54	(6) 72
3) 32	(7) 55	(3) 42	(7) 61	(3) 61	(3) 60	(3) 63	(7) 74
4) 40	(8) 67	(4) 54	(8) 50	(4) 41	(4) 63	(4) 81	(8) 61

9	10	11	12	13	14	15	16
1) 30	(6) 11, 41	(1) 20, 31	(6) 60, 71	(1) 30, 42	(6) 50, 61	(1) 50, 12, 62	(6) 80, 10, 90
2) 31	(7) 12, 62	(2) 20, 32	(7) 70, 81	(2) 40, 54	(7) 60, 74	(2) 70, 13, 83	(7) 60, 14, 74
3) 42	(8) 12, 42	(3) 20, 33	(8) 40, 55	(3) 60, 72	(8) 70, 82	(3) 70, 12, 82	(8) 70, 12, 82
4) 52	(9) 14, 64	(4) 60, 72	(9) 50, 60	(4) 40, 50	(9) 50 62	(4) 80, 13, 93	(9) 60, 15, 75
5) 55	(10) 11, 61	(5) 50, 62	(10) 40, 52	(5) 50, 61	(10) 40, 50	(5) 80, 11, 91	(10) 80, 11, 91
	(11) 10, 70		(11) 60, 74		(11) 70, 85		(11) 70, 11, 81

17	18	19	20	21	22	23	24
(1) 60, 16, 76	(6) 70, 12, 82	(1) 20, 13, 33	(6) 40, 11, 51	(1) 30, 13, 43	(6) 80, 10, 90	(1) 40, 12, 52	(6) 70, 13, 83
(2) 80, 12, 92	(7) 80, 18, 98	(2) 40, 10, 50	(7) 60, 12, 72	(2) 40, 15, 55	(7) 60, 11, 71	(2) 50, 10, 60	(7) 60, 13, 73
(3) 60, 11, 71	(8) 70, 12, 82	(3) 30, 15, 45	(8) 60, 14, 74	(3) 80, 10, 90	(8) 60, 14, 74	(3) 20, 15, 35	(8) 80, 13, 93
(4) 80, 15, 95	(9) 60, 14, 74	(4) 40, 12, 52	(9) 70, 14, 84	(4) 30, 12, 42	(9) 30, 15, 45	(4) 80, 16, 96	(9) 70, 11, 81
(5) 80, 10, 90	(10) 70, 11, 81	(5) 60, 14, 74	(10) 60, 13, 73	(5) 50, 13, 63	(10) 60, 10, 70	(5) 50, 11, 61	(10) 50, 14, 64
	(11) 50, 13, 63		(11) 80, 11, 91		(11) 80, 12, 92		(11) 60, 12, 72

25	26	27	28	29	30	31	32
(1) 32	(9) 51	(1) 51	(9) 73	(1) 41	(9) 45	(1) 61	(9) 61
(2) 31	(10) 55	(2) 30	(10) 50	(2) 72	(10) 70	(2) 65	(10) 54
(3) 44	(11) 41	(3) 44	(11) 46	(3) 30	(11) 42	(3) 51	(11) 70
(4) 32	(12) 75	(4) 51	(12) 44	(4) 63	(12) 71	(4) 62	(12) 82
(5) 44	(13) 61	(5) 41	(13) 53	(5) 54	(13) 90	(5) 60	(13) 65
(6) 43	(14) 60	(6) 52	(14) 54	(6) 60	(14) 51	(6) 93	(14) 76
(7) 50	(15) 76	(7) 52	(15) 82	(7) 47	(15) 42	(7) 85	(15) 83
(8) 54	(16) 91	(8) 72	(16) 40	(8) 63	(16) 63	(8) 70	(16) 71
	(17) 51		(17) 65		(17) 42		(17) 82

33	34	35	36	37	38	39	40
(1) 72	(9) 50	(1) 90	(9) 72	(1) 30	(9) 82	(1) 30	(9) 54
(2) 80	(10) 63	(2) 73	(10) 54	(2) 31	(10) 60	(2) 32	(10) 60
(3) 64	(11) 68	(3) 52	(11) 84	(3) 40	(11) 81	(3) 34	(11) 66
(4) 71	(12) 74	(4) 81	(12) 62	(4) 40	(12) 90	(4) 36	(12) 72
(5) 51	(13) 92	(5) 82	(13) 90	(5) 43	(13) 90	(5) 38	(13) 80
(6) 62	(14) 84	(6) 90	(14) 91	(6) 45	(14) 81	(6) 40	(14) 88
(7) 85	(15) 75	(7) 93	(15) 82	(7) 60	(15) 90	(7) 50	(15) 94
(8) 70	(16) 65	(8) 92	(16) 95	(8) 81	(16) 91	(8) 52	(16) 98
	(17) 82		(17) 90		(17) 98		(17) 100

1	2	3	4	5	6	7	8
(1) 45	(4) 59	(1) 32	(4) 60	(1) 32	(4) 61	(1) 42	(4) 76
(2) 47	(5) 67	(2) 33	(5) 52	(2) 43	(5) 71	(2) 41	(5) 84
(3) 75	(6) 77	(3) 41	(6) 46	(3) 51	(6) 82	(3) 56	(6) 60
	(7) 98		(7) 43		(7) 51		(7) 53

9	10	11	12	13	14	15	16
(1) 63	(4) 90	(1) 82	(4) 70	(1) 53	(4) 72	(1) 61	(4) 50
(2) 92	(5) 84	(2) 51	(5) 53	(2) 62	(5) 93	(2) 61	(5) 91
(3) 42	(6) 62	(3) 73	(6) 85	(3) 83	(6) 63	(3) 56	(6) 75
	(7) 72		(7) 64		(7) 85		(7) 62

17	18	19	20	21	22	23	24
(1) 75	(4) 87	(1) 61	(4) 92	(1) 71	(4) 61	(1) 52	(4) 92
(2) 42	(5) 52	(2) 71	(5) 86	(2) 74	(5) 80	(2) 72	(5) 61
(3) 73	(6) 50	(3) 81	(6) 70	(3) 63	(6) 95	(3) 78	(6) 84
	(7) 71		(7) 83		(7) 72		(7) 82

25	26	27	28	29	30	31	32
1) 72	(4) 65	(1) 73	(4) 92	(1) 73	(4) 86	(1) 81	(4) 91
2) 92	(5) 85	(2) 72	(5) 85	(2) 86	(5) 91	(2) 97	(5) 83
3) 64	(6) 91	(3) 91	(6) 81	(3) 91	(6) 72	(3) 84	(6) 93
	(7) 75		(7) 91		(7) 80		(7) 80

33	34	35	36	37	38	39	40
1) 73	(4) 82	(1) 95	(4) 83	(1) 94	(4) 95	(1) 81	(4) 72
2) 72	(5) 83	(2) 85	(5) 90	(2) 91	(5) 93	(2) 94	(5) 94
3) 93	(6) 86	(3) 91	(6) 92	(3) 92	(6) 93	(3) 85	(6) 95
	(7) 90		(7) 91		(7) 96		(7) 91

MC03

1	2	3	4	5	6	7	8
(1) 30	(9) 34	(1) 50	(9) 52	(1) 61	(9) 71	(1) 63	(9) 50
(2) 64	(10) 85	(2) 50	(10) 62	(2) 63	(10) 82	(2) 56	(10) 94
(3) 41	(11) 74	(3) 62	(11) 74	(3) 70	(11) 63	(3) 73	(11) 91
(4) 56	(12) 83	(4) 79	(12) 80	(4) 84	(12) 68	(4) 73	(12) 81
(5) 50	(13) 60	(5) 51	(13) 61	(5) 74	(13) 90	(5) 82	(13) 73
(6) 61	(14) 52	(6) 73	(14) 83	(6) 81	(14) 75	(6) 71	(14) 72
(7) 73	(15) 72	(7) 62	(15) 74	(7) 72	(15) 66	(7) 61	(15) 71
(8) 53	(16) 57	(8) 55	(16) 90	(8) 94	(16) 97	(8) 96	(16) 98

MC03

9	10	11	12	13	14	15	16
(1) 51	(9) 55	(1) 41	(9) 44	(1) 66	(9) 45	(1) 64	(9) 61
(2) 61	(10) 80	(2) 83	(10) 96	(2) 63	(10) 47	(2) 73	(10) 43
(3) 83	(11) 65	(3) 86	(11) 62	(3) 73	(11) 89	(3) 75	(11) 62
(4) 64	(12) 62	(4) 62	(12) 63	(4) 32	(12) 94	(4) 51	(12) 82
(5) 83	(13) 90	(5) 81	(13) 70	(5) 44	(13) 75	(5) 61	(13) 86
(6) 92	(14) 91	(6) 53	(14) 81	(6) 72	(14) 60	(6) 64	(14) 71
(7) 76	(15) 95	(7) 62	(15) 90	(7) 73	(15) 55	(7) 82	(15) 74
(8) 78	(16) 77	(8) 92	(16) 83	(8) 91	(16) 72	(8) 78	(16) 94

17	18	19	20	21	22	23	24
1) 81	(9) 46	(1) 70	(9) 82	(1) 80	(9) 79	(1) 72	(9) 84
2) 71	(10) 69	(2) 81	(10) 71	(2) 83	(10) 92	(2) 81	(10) 80
3) 53	(11) 73	(3) 82	(11) 93	(3) 91	(11) 84	(3) 72	(11) 93
4) 71	(12) 71	(4) 92	(12) 80	(4) 81	(12) 95	(4) 90	(12) 72
5) 83	(13) 65	(5) 73	(13) 85	(5) 80	(13) 91	(5) 92	(13) 85
6) 62	(14) 75	(6) 90	(14) 67	(6) 91	(14) 81	(6) 87	(14) 80
7) 74	(15) 74	(7) 71	(15) 84	(7) 90	(15) 86	(7) 90	(15) 71
8) 75	(16) 62	(8) 80	(16) 92	(8) 93	(16) 90	(8) 94	(16) 93

25	26	27	28	29	30	31	32
1) 76	(9) 81	(1) 91	(9) 88	(1) 70	(9) 81	(1) 84	(9) 91
2) 83	(10) 92	(2) 94	(10) 92	(2) 84	(10) 73	(2) 83	(10) 86
3) 82	(11) 82	(3) 92	(11) 96	(3) 94	(11) 83	(3) 91	(11) 84
4) 92	(12) 83	(4) 90	(12) 98	(4) 83	(12) 93	(4) 81	(12) 95
5) 73	(13) 91	(5) 92	(13) 92	(5) 92	(13) 85	(5) 96	(13) 69
6) 92	(14) 94	(6) 91	(14) 93	(6) 96	(14) 94	(6) 92	(14) 93
7) 89	(15) 93	(7) 91	(15) 92	(7) 91	(15) 92	(7) 90	(15) 95
8) 88	(16) 97	(8) 90	(16) 95	(8) 93	(16) 95	(8) 93	(16) 92

MC03

33	34	35	36	37	38	39	40
(1) 92	(9) 83	(1) 94	(9) 84	(1) 61	(9) 47	(1) 74	(9) 72
(2) 91	(10) 93	(2) 74	(10) 56	(2) 85	(10) 82	(2) 85	(10) 81
(3) 95	(11) 86	(3) 66	(11) 65	(3) 72	(11) 75	(3) 79	(11) 93
(4) 85	(12) 91	(4) 84	(12) 87	(4) 97	(12) 54	(4) 95	(12) 84
(5) 80	(13) 95	(5) 81	(13) 71	(5) 54	(13) 93	(5) 61	(13) 90
(6) 97	(14) 81	(6) 93	(14) 83	(6) 66	(14) 83	(6) 53	(14) 82
(7) 91	(15) 91	(7) 90	(15) 72	(7) 81	(15) 94	(7) 96	(15) 96
(8) 91	(16) 90	(8) 95	(16) 96	(8) 82	(16) 70	(8) 94	(16) 96

MC04

1	2	3	4	5	6	7	8
(1) 32	(9) 43	(1) 62	(9) 92	(1) 64	(9) 91	(1) 71	(9) 80
(2) 43	(10) 74	(2) 54	(10) 95	(2) 73	(10) 96	(2) 87	(10) 64
(3) 61	(11) 49	(3) 92	(11) 59	(3) 75	(11) 83	(3) 80	(11) 62
(4) 81	(12) 74	(4) 82	(12) 92	(4) 90	(12) 54	(4) 81	(12) 95
(5) 80	(13) 70	(5) 83	(13) 83	(5) 71	(13) 82	(5) 40	(13) 33
(6) 70	(14) 85	(6) 90	(14) 81	(6) 91	(14) 57	(6) 73	(14) 84
(7) 94	(15) 90	(7) 83	(15) 86	(7) 74	(15) 82	(7) 92	(15) 79
(8) 92	(16) 92	(8) 96	(16) 61	(8) 82	(16) 95	(8) 63	(16) 84

9	10	11	12	13	14	15	16
) 62	(9) 93	(1) 91	(9) 94	(1) 96	(9) 71	(1) 64	(5) 76
2) 63	(10) 71	(2) 45	(10) 55	(2) 82	(10) 84	(2) 74	(6) 60
3) 90	(11) 84	(3) 82	(11) 63	(3) 51	(11) 65	(3) 80	(7) 92
4) 81	(12) 56	(4) 93	(12) 77	(4) 46	(12) 80	(4) 95	(8) 91
5) 62	(13) 43	(5) 54	(13) 92	(5) 52	(13) 93		(9) 92
6) 91	(14) 91	(6) 62	(14) 71	(6) 96	(14) 82		(10) 83
7) 82	(15) 80	(7) 91	(15) 84	(7) 91	(15) 72		(11) 75
8) 90	(16) 92	(8) 53	(16) 85	(8) 90	(16) 84		(12) 85

17	18	19	20	21	22	23	24
) 70	(9) 30	(1) 32	(7) 30	(1) 51	(7) 65	(1) 90	(7) 51
2) 74	(10) 41	(2) 34	(8) 43	(2) 63	(8) 80	(2) 73	(8) 93
3) 60	(11) 40	(3) 42	(9) 42	(3) 62	(9) 84	(3) 76	(9) 81
4) 97	(12) 71	(4) 1, 5	(10) 54	(4) 1, 8	(10) 96	(4) 7, 4	(10) 74
5) 72	(13) 47	(5) 1, 6	(11) 1, 5	(5) 2, 9	(11) 2, 7	(5) 3, 7	(11) 2, 8
6) 90	(14) 74	(6) 1, 9	(12) 1, 6	(6) 1, 5	(12) 3, 8	(6) 4, 8	(12) 6, 9
7) 84	(15) 81		(13) 2, 8		(13) 4, 9		(13) 5, 6
8) 83	(16) 82		(14) 2, 5		(14) 4, 7		(14) 2, 7

MC04

25	26	27	28	29	30	31	32
(1) 62	(7) 73	(1) 73	(7) 81	(1) 91	(7) 84	(1) 53	(7) 85
(2) 63	(8) 63	(2) 85	(8) 83	(2) 72	(8) 94	(2) 80	(8) 74
(3) 83	(9) 70	(3) 80	(9) 92	(3) 93	(9) 92	(3) 2, 7	(9) 91
(4) 2, 8	(10) 81	(4) 1, 7	(10) 96	(4) 1, 7	(10) 90	(4) 2, 6	(10) 1, 1
(5) 3, 6	(11) 1, 2	(5) 1, 5	(11) 3, 5	(5) 1, 8	(11) 1, 8	(5) 5, 7	(11) 1, 7
(6) 4, 3	(12) 1, 8	(6) 2, 6	(12) 2, 7	(6) 2, 8	(12) 2, 6	(6) 3, 9	(12) 2, 9
	(13) 1, 7		(13) 2, 9		(13) 1, 9		(13) 1, 8
	(14) 4, 9		(14) 1, 8		(14) 2, 7		(14) 3, 8

MC04

33	34	35	36	37	38	39	40
(1) 72	(7) 84	(1) 72	(7) 83	(1) 74	(7) 90	(1) 81	(7) 82
(2) 83	(8) 94	(2) 83	(8) 82	(2) 92	(8) 65	(2) 83	(8) 71
(3) 3, 5	(9) 85	(3) 2, 6	(9) 2, 3	(3) 2, 9	(9) 2, 9	(3) 4, 5	(9) 3, 5
(4) 5, 7	(10) 1, 4	(4) 4, 5	(10) 6, 7	(4) 1, 5	(10) 1, 9	(4) 2, 9	(10) 1, 8
(5) 2, 8	(11) 1, 1	(5) 2, 7	(11) 2, 6	(5) 2, 8	(11) 4, 6	(5) 7, 8	(11) 2, 5
(6) 5, 3	(12) 1, 8	(6) 1, 9	(12) 1, 9	(6) 2, 5	(12) 2, 5	(6) 5, 4	(12) 1, 7
	(13) 3, 9		(13) 2, 8		(13) 4, 7		(13) 4, 6
	(14) 3, 6		(14) 3, 7		(14) 1, 7		(14) 1, 9

연산 UP

1	2	3	4
1) 34	(9) 43	(1) 44	(9) 47
2) 62	(10) 61	(2) 70	(10) 72
3) 50	(11) 72	(3) 34	(11) 74
4) 73	(12) 70	(4) 73	(12) 81
5) 80	(13) 93	(5) 61	(13) 82
6) 97	(14) 53	(6) 53	(14) 96
7) 81	(15) 60	(7) 95	(15) 60
8) 92	(16) 96	(8) 91	(16) 93

연산 UP

5	6	7	8
1) 25	(9) 12	(1) 45	(9) 64
2) 15	(10) 15	(2) 60	(10) 75
3) 24	(11) 25	(3) 52	(11) 42
4) 16	(12) 16	(4) 74	(12) 83
5) 18	(13) 38	(5) 60	(13) 50
6) 39	(14) 27	(6) 34	(14) 63
7) 37	(15) 26	(7) 91	(15) 91
8) 37	(16) 37	(8) 82	(16) 90

9	10	11	12
(1) 36	(9) 52		
(2) 44	(10) 81		
(3) 83	(11) 61		
(4) 62	(12) 82		
(5) 73	(13) 86		
(6) 91	(14) 70		
(7) 54	(15) 91		
(8) 90	(16) 98		

11

(1)

+ →		
15	37	52
18	24	42
33	61	

(2)

+ →		
34	18	52
26	36	62
60	54	

(3)

+ →		
45	16	61
35	19	54
80	35	

(4)

+ →		
27	23	50
34	47	81
61	70	

12

(5)

+ →		
44	16	60
28	37	65
72	53	

(6)

+ →		
53	39	92
27	38	65
80	77	

(7)

+ →		
74	19	93
16	49	65
90	68	

(8)

+ →		
58	28	86
15	65	80
73	93	

13	14	15	16
(1) 30쪽	(4) 31개	(1) 55마리	(4) 71 kg
(2) 40개	(5) 50장	(2) 62개	(5) 78상자
(3) 33명	(6) 43장	(3) 43마리	(6) 96개